すぐに使える
射出成形金型設計者のための
公式・ポイント集

落合孝明［著］

日刊工業新聞社

はじめに

　金型設計に携わって 15 年ほどになる。言うまでもなくこの 15 年でパソコンのスペックや CAD の機能は飛躍的に向上しており、多くの処理は自動的に算出され、結果をすぐに得られるようになった。自動で算出されたものは間違いも少ないため、非常に便利ではある。しかし、即結果を得られるがために結果に至るまでの過程や理由がわからないという状況が増えたように思う。何らかの不具合が生じ、その対策を必要とするような場合には、途中の過程が肝になることが多い。そのため実際に結果を得るのは自動で行われていても、その過程を知ることは必要なことである。金型は非常に多くの部品と様々な要素から構成されており、わたし自身も専門書は手放せない。

　前著『金型設計者 1 年目の教科書』はわたしが 1 年目にあったらいいなと思う本を書かせていただいた。本書では、現在のわたしが設計中に手元に置いておきたい本となるように書いたつもりである。実際には金型の仕様は会社によって異なるので、本書のすべてがお役に立てるかは難しいと思うが、少しでも皆様の設計業務のお役に立てれば幸いである。

2016 年 12 月

落合　孝明

本書の手引き ―各章の目的・内容

本書は、次のような目的・内容で執筆されています。

第1章　成形機と金型の基礎知識
金型と射出成形機について根本的な構造を知らなければ設計をすすめることはできない。まずは成形機と金型に関する基本的な知識について抑える。

第2章　金型の基本構造
金型はさまざまな部品によって構成されているが、どのような構造の金型を設計するにも、根本的に抑えておきたい項目がある。金型設計をする上で必ず必要な要件に金型の重量やたわみなどがある。そこで、金型全体に関わる計算式や標準のモールドベースに含まれる部品など、金型の基本構造に関して示した。

第3章　成形機と金型の関係性
金型は、成形機に取り付けられて初めてその役割が果たされる。そのため、金型の設計をする上で必ず使用する成形機の仕様を反映させなければならない。型締力や金型の外観寸法など金型に必要な成形機の仕様について示した。

第4章　製品設計と樹脂の特性
金型でよい製品を成形するためには、製品設計の段階で金型のことを考慮している必要がある。抜き勾配や肉厚など、製品設計の段階で抑えておきたい項目と樹脂の収縮率について示した。

第5章　ランナーとゲート
ランナーやゲートは製品の生産性、品質を大きく左右する。成形不良をなくすためにランナーのバランスやゲートを設定することが重要となる。ランナーの設定方法と代表的なゲートの種類とその特徴について示した。

第6章　エジェクタースペース
突出機構は製品を金型から取り出すための機構である。突出機構には、色々な方法があるのでそれらを紹介するとともに、最も一般的なピンによる突出し方式を用いて設定のポイントを示す。また、エジェクタースペースに設定されるその他の部品についても示した。

第7章　冷却

金型の温度管理は成形サイクルを左右する重要な要件である。冷却だけでなくヒーターなどを用いて金型を高温に保つ場合もある。金型の温度管理とは、厳密には昇温・冷却を含めるが本書では冷却がより重要であると判断したため、冷却だけを取り上げた。冷却回路の基礎と効率的な設定方法について示した。

第8章　アンダーカット

アンダーカットは、通常のパーティングラインの型開きでは抜けない形状のことである。アンダーカットに対しては別途対策が必要となる。アンダーカット処理の種類と代表的な処理方法であるスライドコアと傾斜コアについて示した。

第9章　その他

上記以外にも入子やガス抜きなど様々な金型設計要件がある。それらについて示した。また、成形では色々な成形不良が生じる。成形不良のなかでも金型設計で対策できるものについて示した。

第10章　主な部品の加工寸法例

金型を加工する際には公差が必要となる。その内容は図面に反映しなければならない。加工に関しては、それぞれの会社で独自の仕様が定められていることがほとんどである。原則、そちらに従うことになるが、参考として金型に必要な主だった部品の加工寸法の例を示した。

巻末付録　技術資料

三角関数や単位の換算など、基本的な技術資料と設計に関する基本事項について示した。

【目　　次】

はじめに ……………………………………………………………………………… i
本書の手引き ―各章の目的・内容……………………………………………… ii

第1章　成形機と金型の基礎知識
1.1　成形機と金型の関係性 ……………………………………………………… 2
1.2　2プレート金型の基本構造 ………………………………………………… 5
1.3　2プレート金型の動き ……………………………………………………… 7
1.4　3プレート金型の基本構造 ………………………………………………… 12
1.5　3プレート金型の動き ……………………………………………………… 13

第2章　金型の基本構造
金型の重量 …………………………………………………………………………… 18
金型の重心 …………………………………………………………………………… 20
可動側のたわみ（サポートなし）………………………………………………… 22
可動側のたわみ（サポートあり）………………………………………………… 24
型板の分割構造 ……………………………………………………………………… 26
ガイドピンの設定 …………………………………………………………………… 28
3プレート　プラーボルトの長さ ………………………………………………… 30
3プレート　サポートピンの長さ ………………………………………………… 32

第3章　成形機と金型の関係
必要な型締力 ………………………………………………………………………… 36
金型の位置決め（ロケートリングの径）………………………………………… 38
スプルーブッシュの設計 …………………………………………………………… 40
金型の寸法（横幅）………………………………………………………………… 42
金型の寸法（厚み・型開きストローク）………………………………………… 44
成形機への金型取付方法 …………………………………………………………… 46
押出ロッドの位置 …………………………………………………………………… 48

第 4 章　製品設計と樹脂の特性
　成形する製品の主なチェックポイント ……………………………………………… 52
　抜き勾配設定のポイント ……………………………………………………………… 54
　肉厚設定のポイント …………………………………………………………………… 56
　パーティングライン設定のポイント ………………………………………………… 58
　アンダーカットの形状例と解消方法 ………………………………………………… 60
　金型加工を考慮した製品設計 ………………………………………………………… 62
　樹脂の収縮率 …………………………………………………………………………… 64

第 5 章　ランナーとゲート
　ランナーバランス ……………………………………………………………………… 68
　コールドスラッグウェルの設定 ……………………………………………………… 70
　ゲートの種類 …………………………………………………………………………… 72
　サブマリンゲート設定のポイント …………………………………………………… 74
　ピンゲートの詳細設定 ………………………………………………………………… 76

第 6 章　エジェクタースペース
　エジェクターストロークの設定 ……………………………………………………… 80
　リターンピンスプリングの設定 ……………………………………………………… 82
　突出し機構の種類 01 …………………………………………………………………… 84
　突出し機構の種類 02 …………………………………………………………………… 85
　突出し機構設定のポイント …………………………………………………………… 86
　エジェクタースペースに入るその他の部品 ………………………………………… 88
　エジェクターガイドピンの設定 ……………………………………………………… 90

第 7 章　冷却
　冷却回路の基本的な設定方法 ………………………………………………………… 94
　効率的な冷却回路の設計 ……………………………………………………………… 96

第 8 章　アンダーカット
　スライドコアの基本構造 ………………………………………………………………100
　スライドコアのストローク ……………………………………………………………102
　スライドコアの戻り防止スプリング …………………………………………………104
　傾斜コアの基本構造 ……………………………………………………………………106

傾斜コアのストローク	108
その他のアンダーカット処理方法01	110
その他のアンダーカット処理方法02	111

第9章　その他

コッターの設定	114
入子の設計	116
ガス抜きの設計	118
吊りフックの設定	120
主な成形不良と設計上の対策①	122
主な成形不良と設計上の対策②	124

第10章　主な部品の加工寸法例

ロケートリング、スプルーブッシュ	128
ガイドピン	129
突出しピン	130
プラーボルト、ストップボルト	131
パーティングロック	132
ランナーロックピン	133
エジェクターガイドピン	134
リターンピン	135
サポートピラー	136
エジェクターロッド	137
入子	138
スライドコア	139
傾斜コア	140
冷却穴とテーパータップ	141

| 巻末付録　技術資料 | 144 |
| 参考文献 | 159 |

第 1 章
成形機と金型の基礎知識

1.1　成形機と金型の関係性

1.2　2プレート金型の基本構造

1.3　2プレート金型の動き

1.4　3プレート金型の基本構造

1.5　3プレート金型の動き

1.1 成形機と金型の関係性

　金型は成形機に取り付いて初めてその役割を果たす。そのため金型の設計をする上で成形機のことを最低限知っていなければならない。

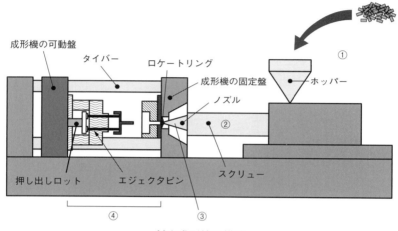

射出成形機の構造

上図は成形機を簡略化した図である。成形の流れとしては次のようになる。
1. 乾燥して十分に水分を飛ばした状態のペレット状の樹脂原料を射出成形機に入れる
2. 樹脂はホットチャンバー内で熱せられることで固体から液体に変わる
3. 液体になった樹脂はスクリューを通って金型へ射出される
4. 金型内で樹脂が充填・冷却固化されると金型が開く
5. 金型から製品を取り出した後、型を閉じ再び成形を繰り返す

この動作の繰り返しによって、製品が量産されていく。
　金型は射出成形機に取り付けて使用するのであるから、金型には成形機の仕様を反映させなければならない。成形機の仕様で金型に影響するものは、主に次の項目である。

成形機によって決まる金型寸法

金型の取付寸法	金型は一般的に上から吊り下げて成形機に取付けられる。そのためタイバーの幅による寸法の制約が生じる。また、成形機によっては金型を取り付けるための位置が決まっている場合があるためそこでも寸法の制約が生じる
金型の厚み	成形機によって、金型の最大および最小型厚が決まっている
ロケートリング径	ロケートリングは金型と成形機の位置決めの役割をする。成形機の固定盤（固定プラテン）にあいている穴径によってロケートリングの径が決まる
ノズル部寸法	成形機に付いているノズルの内径およびノズルタッチ部の半径に合うようにスプルーブッシュの寸法を設定する
突出し部寸法	成形機から突出板を突き出すための押し出しロッド（エジェクターロッド）の位置および径

成形機に金型を取り付けた際には天井側を天側、地面側を地側、操作パネル側を操作側、操作パネルと反対側を反操作側という。

成形機の向き

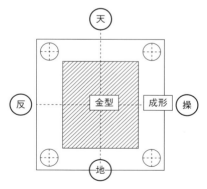

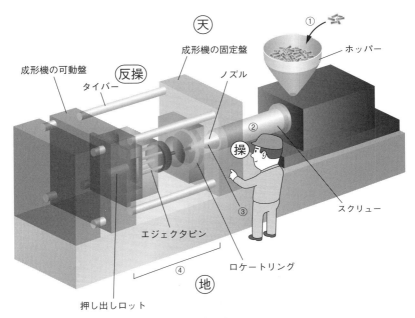

成形機の向き

1.2 2プレート金型の基本構造

金型にはその構造から大きく2プレート金型と3プレート金型2つに大別できる。

2プレート金型とは「固定側型板」と「可動側型板」の2枚の主要なプレートで構成される金型の基本構造である。その各部品に関しては次の図のとおりである。

金型の各部位

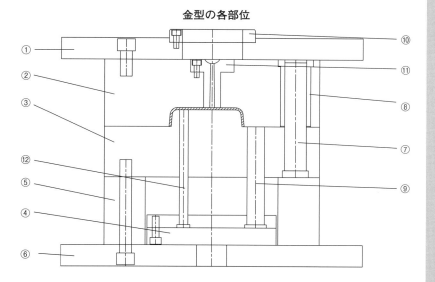

金型の各部位の名称と役割

前図との対応番号	名称	用途	
1	固定側取付板	固定側型板（下記）をセットして、成形機の固定盤（樹脂の射出側）に取り付けるためのプレート	モールドベース
2	固定側型板 （固定側主型）	金型の本体を構成する主要部分で、主に成形品の外観・表面となる部分を形成する。「雌型」「キャビティプレート」とも呼ばれる	モールドベース
3	可動側型板 （可動側主型）	固定側型板と同じく金型の本体を構成する主要部分。主に成形品の内面を形成する。「雄型」「コアプレート」とも呼ばれる	モールドベース
4	突出板 （エジェクタープレート）	一般に上板と下板の2枚で構成されている。上板に突出ピンやリターンピンなどをセットし、下板でそれらを裏から押さえて固定する。この突出ピンなどを取り付けた突出板を成形機のエジェクタ装置で突上げることで成形品を取り出す	モールドベース
5	スペーサーブロック	突出板が、突出し作動をするための空間を保つためのプレート	モールドベース
6	可動側取付板	可動側型板、スペーサーブロックなどとセットして成形機の可動盤に取り付けるためのプレート	モールドベース
7	ガイドピン	金型の開閉時に固定側と可動側の位置を合うようにするピン	モールドベース
8	ガイドブッシュ	ガイドピンがはまり合うブッシュ	モールドベース
9	リターンピン	突き出された突出板を元の位置に押し戻すためのピン。金型が閉じるとき、固定側型板を最初に当てることで、突出板を元の位置に戻す。突き出しのバランスを保つ役目もある	モールドベース
10	ロケートリング	金型を成形機へ取り付ける際に位置決めするためのリング。金型より凸状に突き出したリングを成形機の固定盤中央に開いている穴に合わせる。	
11	スプルーブッシュ	ここから金型に材料である樹脂が射出される。成形機のノズルがタッチする部分であり、摩耗が激しいので、直接金型に加工せず交換可能な別部品構造で対応する。	
12	突出ピン （エジェクターピン）	成形品を金型から離形・突き出しするためのピン。突き出し方法についてはピン以外の機構もある。	

1.3 2プレート金型の動き

2プレート金型の動きは次のようになる。
 1. 金型が閉じている状態（図1）
 2. 成形機から樹脂を射出し充填、保圧を加える（図2）
 3. 樹脂を冷却固化した後、型を開く。このとき製品は可動側につく（図3）
 4. 突出機構により、製品を金型から引き離す（図4）
 5. 成形品を金型から取り出す（図5）
 6. 次の成形をするために型が閉じる（図6）
 7. 金型が完全に閉じて初めの状態に戻る（図7）

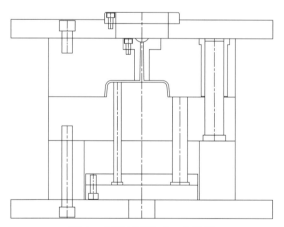

図1 金型が閉じている状態

図2 樹脂の射出

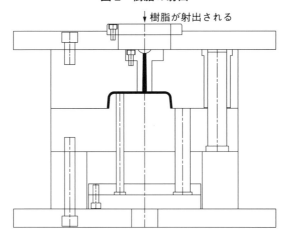

↓樹脂が射出される

図3 開く

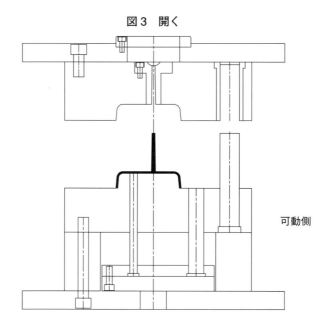

可動側

図4 製品を引き離す

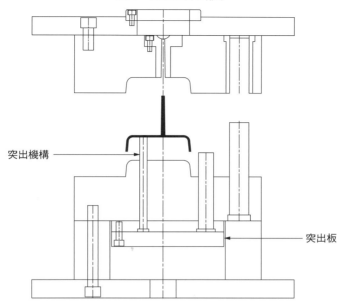

突出機構

突出板

図5　成形品を取り出す

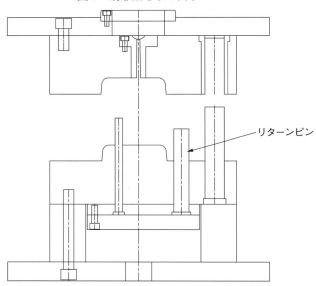

リターンピン

図6　閉じる

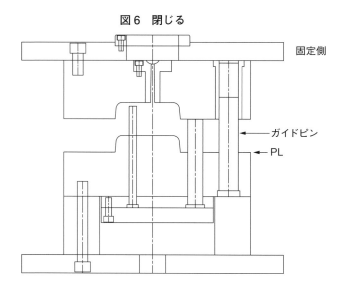

固定側

ガイドピン

PL

図7　完全に閉じる

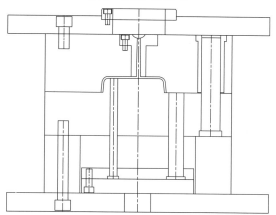

1.4 3プレート金型の基本構造

3プレート金型とは2プレート金型に対してランナーストリッパープレートが加わった3枚の主要なプレートで構成された金型構造である。主要な部品で2プレート金型のときにはない部品は次のようになる。

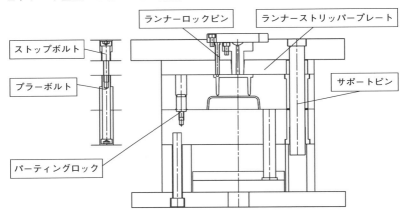

	名称	用途
1	ランナーストリッパープレート	3プレート独自のプレート。このプレートにランナーを設定しランナーと製品部を別々に取り出す
2	サポートピン	ランナーストリッパープレートの位置を合うようにするピン。図のように固定と可動に対するガイドピンと兼用する場合とガイドピンとサポートピンを分けて設定する場合がある
3	ストップボルト プラーボルト	ランナーストリッパープレートの開閉の量を規制するピン
4	ランナーロックピン	ランナーが固定側のPLに持っていかれないようにするためのピン。このピンを設定することでランナーがストリッパープレート側についてくる
5	パーティングロック	固定側と可動側の開きをロックするためのピン。このピンを設置することで型開き時にPLよりも先にランナースペースが開く。パーティングロックには図のような構造以外にも金型の外に設置するタイプもある

3プレート金型独自の部品

1.5　3プレート金型の動き

2プレート金型の動きと大きく異なるのはランナーストリッパープレートが加わった事によってPL部分が開く前にランナーストリッパープレートが開くことである。

1. 樹脂が充填した状態
2. ランナーストリッパープレート部が開いた状態
ランナーストリッパープレート部分が開くことでランナーが取り出せる。
開く量はプラーボルトによって規制される。また、このときにPL部分が開かないのはパーティングロックによるものである。
3. PL部が開いた状態
この後の動作は、2プレートと同様で、製品の突出しをし、次の成形のために型が閉じる。

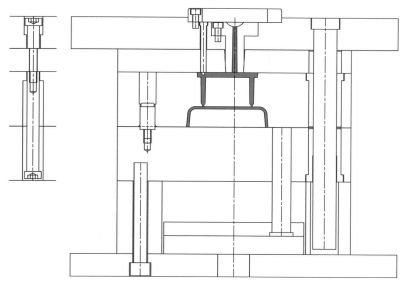

1.　樹脂が充填した状態

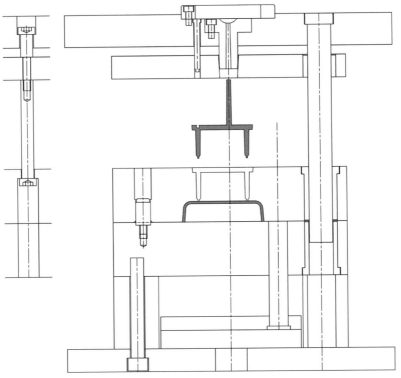

2. ランナーストリッパープレート部が開いた状態

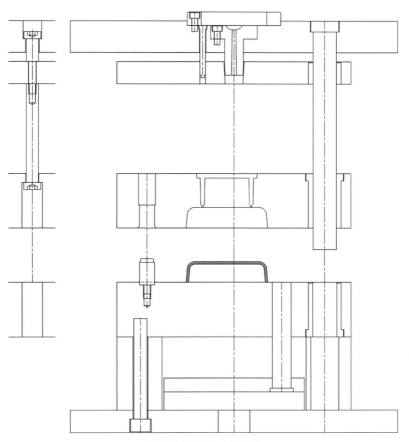

3. PL部が開いた状態

第2章
金型の基本構造

金型の重量

金型の重心

可動側のたわみ（サポートなし）

可動側のたわみ（サポートあり）

型板の分割構造

ガイドピンの設定

3プレート　プラーボルトの長さ

3プレート　サポートピンの長さ

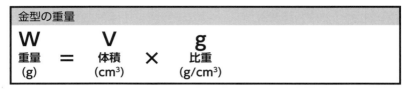

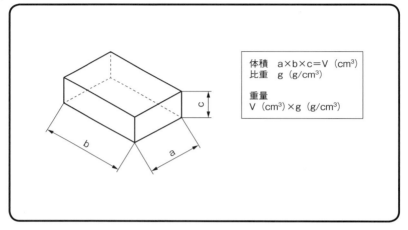

　重量は、その体積と鋼材の比重から求めることができる。

　運搬などを考慮するため金型全体の重量を知ることはもちろんであるが、部品ごとの重量が必要な場合もある。重量は以下の式から求めることができる。

重量 W（g）＝体積 V（cm³）×比重 g（g/cm³）

　なお、比重は鋼材によって決まっているが、「g/cm³」で表記されていることが多いので単位に注意をする。

例

右図の軟鋼の重量は次のとおり。

・体積
16 (mm)×24 (mm)×8 (mm)
　=3072 (mm^3)
　=3.072 (cm^3)

・軟鋼の比重　7.85 (g/cm^3)

・重量
3.072 (cm^3)×7.85 (g/cm^3)
　　　　　　　　≒24 (g)

ワンポイントアドバイス

◆主な金属材料の比重 (g/cm^3)
軟鋼	7.85
NAK80	7.8
SKD61	7.75
超硬 V40	13.9
SUS440C	7.78
アルミニウム	2.7

金型の重心

$$W \times L = w_1\ell_1 + w_2\ell_2 + \cdots w_6\ell_6$$

金型重量 (g) × 基準から金型重心までの距離 (mm) = (各プレート重量×基準からプレートまでの距離)の和 (g)(mm)

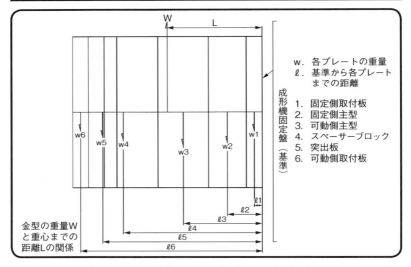

w．各プレートの重量
ℓ．基準から各プレートまでの距離

1. 固定側取付板
2. 固定側主型
3. 可動側主型
4. スペーサーブロック
5. 突出板
6. 可動側取付板

金型の重量Wと重心までの距離Lの関係

　金型の重心を求めることは重量とともに金型を吊り上げるためのフックの位置やサイズを決めるために必要なことである。

　金型の重心は、金型の重量とそれぞれのプレートの重心（板厚の中心）に作用する重力から算出することができる。なお、重心に作用する重力とはそのプレートの重量になるので、プレートごとの重量を算出してやれば重力が求められることになる。

　各プレートのモーメント（重力×基準からの距離）の総和は、金型全体の重量と基準から重心までの距離をかけたモーメントと等しくなる。ここでの基準とは固定側の取付面となるので基準からの距離とは固定側取付面からそれぞれのプレートまでの距離ということになる。

$W \times L = w_1 \times \ell_1 + w_2 \times \ell_2 + \cdots w_6 \times \ell_6$

W：金型重量　　L：基準から金型の重心までの距離

w：各プレートにかかる重力（各プレートの重量）

ℓ：基準から各プレートの重心までの距離

右図の金型の重心を求める。

なお、比重は7.87 (g/cm³) とする。

各プレートの重量

w1＝280×270×25×7.87×10⁻⁶
　　＝15（kg）

w2＝230×270×50×7.87×10⁻⁶
　　＝24（kg）

w3＝230×270×60×7.87×10⁻⁶
　　＝29（kg）

w4＝80×270×50×7.87×10⁻⁶
　　×2＝16（kg）

w5＝125×270×(15＋25)×7.87
　　×10⁻⁶＝9（kg）

w6＝280×270×25×7.87×10⁻⁶
　　＝15（kg）

各プレートの合計より金型の総重量Wは

W＝15＋24＋29＋16＋9＋15＝108(kg)

固定側取付面から各プレートの中心までの距離は図1のとおり。

各プレートの重量と距離からそれぞれに作用するモーメントを求める。

w1×ℓ1＝15×12.5＝187.5(kg·mm)
w2×ℓ2＝24×50＝1200(kg·mm)
w3×ℓ3＝29×105＝3045(kg·mm)

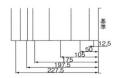

図1　固定基準から各プレートの中心までの距離

金型平面寸法

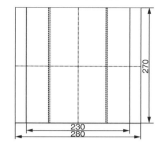

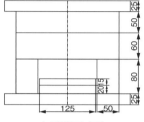

金型断面寸法

w4×ℓ4＝16×175＝2800(kg·mm)
w5×ℓ5＝9×197.5＝1777.5(kg·mm)
w6×ℓ6＝15×227.5＝2047.5(kg·mm)

以上の結果から金型の重心位置Lは

$$L=\frac{187.5+1200+3045+2800+1777.5+2047.5}{108}$$

＝102.4(mm)

となり、固定側取付面から重心までの距離は102.4mmとなる。

可動側のたわみ（サポートなし）

$$\text{最大たわみ } \sigma_{max} = \frac{5 \times P \times S \times L^3}{384 \times E \times I}$$

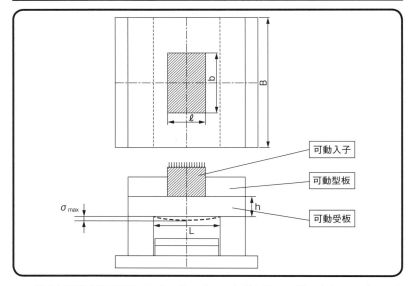

　一般的に可動側は底面にスペーサーブロックがあり、エジェクタースペースの空間がある。図の様に可動側の型板と受板の2枚で入子で固定するような構造の場合には、入子に作用する成形圧力が受板をたわませる力として作用する。

　このたわみが大きくなると製品の肉厚が偏肉したり、パーティングからバリが発生したりする。そのため、受板の厚さは成形圧力に耐えられる厚さである必要がある。

　最大のたわみ σ_{max}（mm）は以下の式から求めることができる。

$$\sigma_{max} = \frac{5 \times P \times S \times L^3}{384 \times E \times I}$$

p：型内圧力（kgf/mm²）　S：製品投影面積 $\ell \times b$（mm²）
L：スペーサーブロック間隔（mm）　E：縦弾性係数（kgf/mm²）
I：断面二次モーメント $Bh^3/12$（mm）　B：金型の幅（mm）　h：受板の厚さ（mm）
　この計算式で受板の厚さを決定する。受板の厚さはキリのいい寸法なので、全

体のバランスから受板の厚さを決定し
その際の最大たわみを確認するとよい。

　許容できるたわみの量は、製品の要
求精度やサイズ、樹脂の種類など様々
な条件によって異なるが一般的には
たわみ量を 0.2mm 以下に抑えたい。

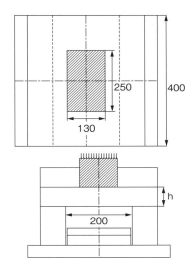

　右の図の金型の最大たわみ 0.2mm
以下にする板厚を求める。

　金型の材質は S50C とする。
P＝500kgf/cm² ＝5kgf/mm²
E＝2.1×10⁴kgf/mm²

h を 40mm としたときのたわみは

$$\sigma = \frac{5 \times 5 \times 130 \times 250 \times 200^3}{384 \times 2.1 \times 10^4 \times \dfrac{400 \times 40^3}{12}}$$

＝0.38mm

　たわみが 0.38mm になってしまい
厚さ 40mm では適さない

h を 60mm としたときのたわみは

$$\sigma = \frac{5 \times 5 \times 130 \times 250 \times 200^3}{384 \times 2.1 \times 10^4 \times \dfrac{400 \times 60^3}{12}}$$

＝0.11mm

　たわみ 0.11mm で 0.2mm 以下な
ので厚さ 60mm が適している。

ワンポイントアドバイス

◇型内圧力 P は以下が目安になるが、強度計算においては余裕をもって 500
（kgf/cm²）で計算をするのがよい。

樹脂圧力 P（kgf/cm²）の目安

精密成形品	400～500
汎用成形品	300～400
充填剤入り	上記数値に約 20％高めに設定する。

◇縦弾性係数 E は鋼材の種類によって異なる。

材質	E（kgf/mm²）
軟鋼	2.1×10⁴
プリハードン鋼	2.3×10⁴
アルミニウム	6.9×10³

可動側のたわみ（サポートあり）

$$\sigma_{max} = \frac{5 \times P \times \ell \times b \times L^3}{384 \times E \times I} \times \frac{1}{16}$$

（サポートピラーを金型の中央に設定した場合）

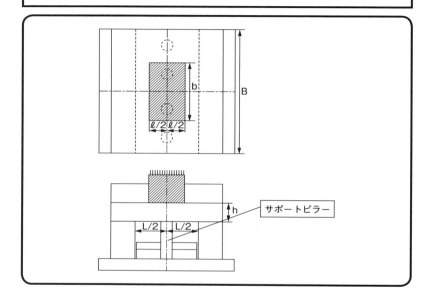

可動側の受板を厚くすればたわみは少なくなるが、成形機の最大型厚以上に厚くすることはできないし、単に型厚を厚くすることは金型のコストアップにつながってしまうのであまり望ましいとはいえない。そのような場合にはスペーサブロックの間隔の中間にサポートピラーを設定したわみを抑えればよい。

サポートピラーを中央に設定した場合には、スペーサブロックの間隔Lと製品部の長さℓは半分のL/2とℓ/2になるので、たわみの計算式のLおよびℓを置き換えると次のようになる。

$\sigma_{max} = \dfrac{5 \times P \times S \times L^3}{384 \times E \times I}$　（ただし $S = \ell/2 \times b$、$I = Bh^3/12$）

$\sigma_{max} = \dfrac{5 \times P \times \ell \times b \times L^3}{384 \times E \times I} \times \dfrac{1}{16}$

サポートピラーのないときのたわみの 1/16 のたわみに抑えることができる。

例

右の図の金型の最大たわみを求める。
金型の材質は S50C とする。
$P=500\text{kgf/cm}^2=5\text{kgf/mm}^2$
$E=2.1\times10^4\text{kgf/mm}^2$

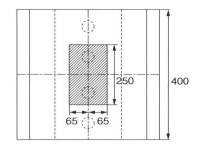

$$\sigma=\frac{5\times5\times65\times250\times100^3}{384\times2.1\times10^4\times\dfrac{400\times40^3}{12}}$$

$=0.02\text{mm}$

サポートピラーを用いた場合の
板厚 40mm たわみは 0.02mm。

（前項より、サポートピラーのない場合には 0.38mm で不適）

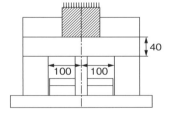

ワンポイントアドバイス

◆サポートピラーをスペーサブロックの間隔の３頭分に配置した際には L は L/3 となり、さらにたわみを抑えることができる。

型板の分割構造

- **一体構造**
- **分割構造** ── ポケットタイプ
  └ 型枠タイプ

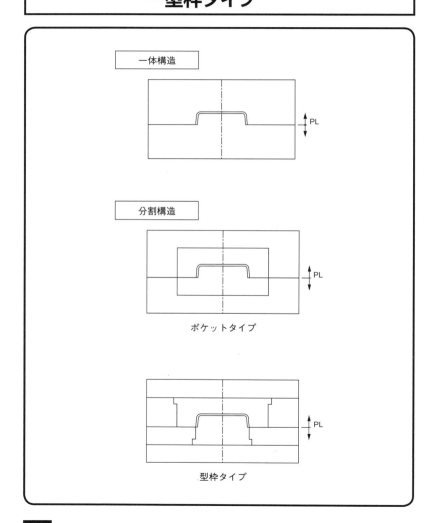

一体構造

分割構造

ポケットタイプ

型枠タイプ

固定側および可動側の主型は大別すると一体構造と分割構造の2つに分けられる。

　一体構造：主型に製品部分を加工し、一つの型板でつくりだす構造。

　分割構造：製品部分を入子とし、主型と入子で複数の部品で分割してつくりだす構造。

　金型の大きさや求められる精度、材料の歩留まりなどを考慮してどちらの構造を使用するか決まるが、分割構造は一体構造に比べて、金型の加工性がよい、ガス抜け性がよい、機会損失が小さい（修正・改造がしやすい）などのメリットがある一方で、コストが高くなる、部品が増えるため誤差が生じやすいなどのデメリットがある。

　分割構造については、ポケットタイプと型枠タイプの2種類に大別できる。

　ポケットタイプ：型板に底面付の穴加工をし、そこに入子を嵌めボルトなどで固定するタイプ。

　型枠タイプ：型板を貫通穴でくり抜き、受板で入子を受けるタイプ。入子はボルトで締付ける以外にもツバ止する方法が選択できる。

ワンポイントアドバイス

◆入子に関しての詳細はP116、P138を参照。

ガイドピンの設定

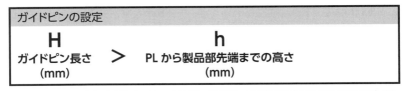

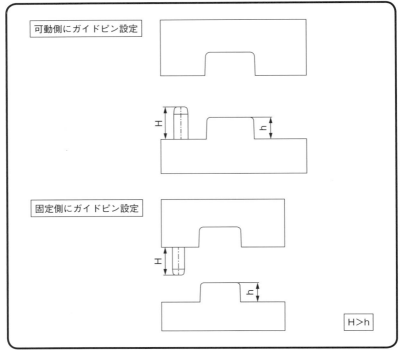

一般的にガイドピンは可動側に立てられる。金型の可動側は凸形状になることが多いのでその先端よりガイドピンを長く設定する。そうすることで、可動側と固定側の製品部分やPLが合わさる前にガイドピンが入り込み、作業時の可動側先端と固定側との不用意な干渉を避けることができる。

ガイドピン長さH（mm）＞PLから製品部先端までの高さh（mm）

成形品は可動側から取り出すためガイドピンが邪魔になる場合もある。そのような場合には、成形性を考慮し固定側にガイドピンを立てる。固定側にガイドピンを立てる場合でも製品部の先端よりガイドピンを長くする。

可動側の製品先端までの高さがPLから35mmの金型におけるガイドピンの長さはPLから50mmとする。

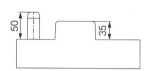

ワンポイントアドバイス

◇ スライドコアに使用するアンギュラーピンが極端に固定型板から飛び出すような場合には、ガイドピンを固定側に設定しアンギュラーピンより長くすることでアンギュラーピンが他の場所に当たってしまうのを防ぐ。

◇ ガイドピンはひとつの金型で4本使用する。金型の固定側と可動側の誤組み防止策としてガイドピンの位置を1本だけずらす場合もある。

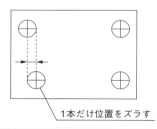

1本だけ位置をズラす

3 プレート プラーボルトの長さ

b　　　　　　　　　**c**
ランナーストリッパー部の開き ＞ ランナーの高さ
　　　（mm）　　　　　　　　　（mm）

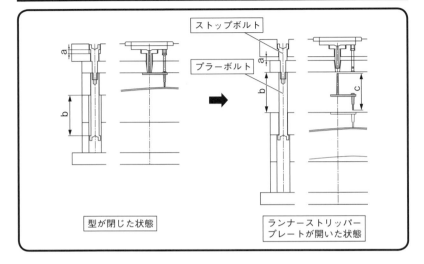

　3プレート金型におけるプラーボルトはランナーストリッパープレートの型開きを規制する部品である。3プレートの場合、ランナーストリッパープレートが開くことでランナーを製品とは別に取り出す。そのためランナーストリッパープレート部の開きはランナーの高さ以上に開く必要があり、その開きを規制するのがプラーボルトとなる。

　　　　　　b　　　　　　　　　　　c
ランナーストリッパー部の開き ＞ ランナーの高さ
　　　　　mm　　　　　　　　　　　mm

　部品構造としては、プラーボルトはストップボルトと合わせて用いる。
　なお、ランナースペースの開きは確実にランナーを取り出すためにランナーの高さ＋10 mm は設計に折り込みたい。
　aの開き量はランナーを成形機から切り離すのが目的なので5～10 mm 開けばよい。この開き量aとbによってストップボルトプラーボルトの長さが決まる。

例

ランナーの高さ c=90 mm のときのランナースペースの開きの設定。
b の開き量はランナーの高さ+10 mm は必要なので 100 mm とする。
a は成形機からランナーを切り離すだけなので 10 mm とする。

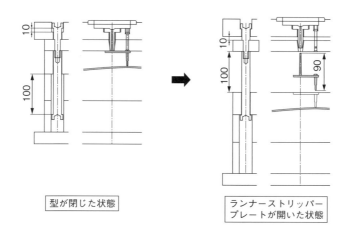

型が閉じた状態　　　ランナーストリッパープレートが開いた状態

ワンポイントアドバイス

◆ プラーボルトは 4 本バランス良く設定する。
◆ ランナーストリッパープレートの開きは、固定可動の主型の開きより先に開く必要がある。そのため、ランナーストリッパープレートにスプリングを設定してランナー部の開きを促したり、PL 部にパーティングロックなどの部品を設定して固定と可動の開きを規制したりする。

3プレート サポートピンの長さ

$$L \text{(サポートピンの長さ mm)} \geq d \text{(固定主型の厚さ mm)} + (a+b) \text{(ランナーストリッパーの開き mm)} + 15$$

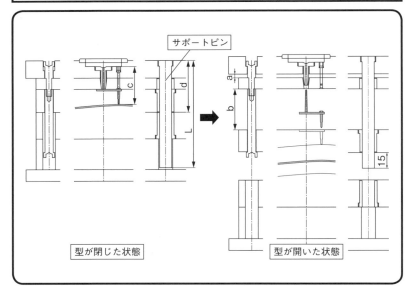

3プレート金型におけるサポートピンは固定側と可動側のガイドの役目を果たす。3プレートはランナースペース分大きく開くのでサポートピンはランナースペースが開ききった後でも固定側から先端が出るだけの長さが必要になる。

$$\underset{\text{mm}}{\underset{L}{\text{サポートピンの長さ}}} \geq \underset{\text{mm}}{\underset{d}{\text{固定主型の厚さ}}} + \underset{\text{mm}}{\underset{a+b}{\text{ランナーストリッパーの開き}}} + \underset{\text{mm}}{15}$$

なお、ランナーストリッパープレートの開きはプラーボルトの長さで設定することができる。

ランナーの高さ c=100 mm のときのランナースペースの開きを 5+110 mm と設定すると、サポートピンはこれに＋15 mm の長さが必要となる。

固定型の厚さは d=140 であるからサポートピンの長さ L は
140＋5＋110＋15＝270 mm
となる。

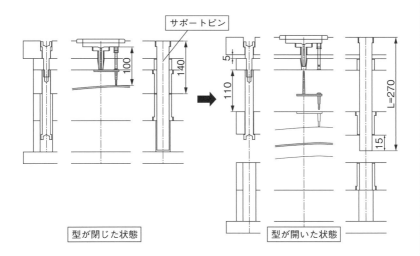

| 型が閉じた状態 | 型が開いた状態 |

ワンポイントアドバイス

◇ 1 つの型でサポートピンは 4 本バランス良く設定する。
◇ 3 プレート金型の構造として、ガイドとサポートを別々の部品で設定する場合もある。その場合にはガイドピンが主型の開きのガイドの役割を果たすので、サポートピンはランナーストリッパープレートの開き分のみをガイドできればよい。

第3章
成形機と金型の関係

必要な型締力

金型の位置決め（ロケートリングの径）

スプルーブッシュの設計

金型の寸法（横幅）

金型の寸法（厚み・型開きストローク）

成形機への金型取付方法

押出ロッドの位置

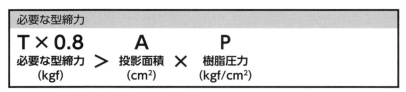

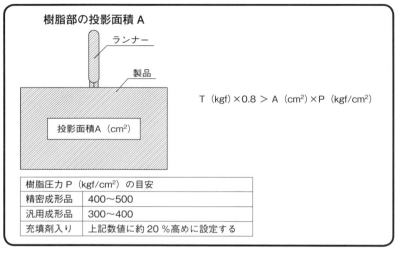

　金型に樹脂が射出されるときには金型を開こうとする力が働く。成形に使用する成形機はこの開こうとする力より大きな型締力を持った成形機が必要となる。もし、型締力のほうが小さい場合にはその成形機では金型を抑えられないので、成形時に金型が開きバリが発生してしまう。

　射出時に金型を開こうとする力は、製品とランナーを合計した樹脂部の全投影面積と使用している樹脂の樹脂圧力から求めることができる。

金型を開こうとする力（kgf）＝投影面積（cm²）×樹脂圧力（kgf/cm²）

　この金型を開こうとする力より型締力は大きくなければならないのだから、

必要な型締力（kgf）　＞　金型を開こうとする力（kgf）

すなわち

必要な型締力（kgf）　＞　投影面積（cm²）×樹脂圧力（kgf/cm²）

となる。さらに、通常であれば安全率を80％程度はみるので式は次のようになる。

必要型締力（kgf）×0.8　＞　投影面積（cm²）×樹脂圧力（kgf/cm²）

例

投影面積がランナーを含めて 150 (cm²) の製品に最適な成形機を求める。

樹脂圧力を 350 (kgf/cm²) とすると
150 (cm²)×350 (kgf/cm²)＝52,500 (kgf)

安全率を 80 %とする
25,200(kgf)/0.8＝65.625(kgf)

kg を ton に単位換算すると
65,625 (kgf)＝65.6(tonf)

上記から、この製品に必要な成形機の型締力は 65.6ton 以上の成形機となる。

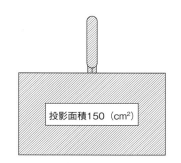

投影面積150 (cm²)

ワンポイントアドバイス

◆あくまで必要なのは投影面積であるので断面の形状には依存しない。

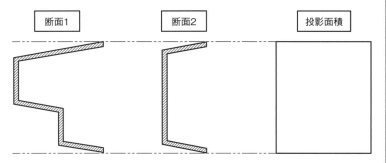

| 断面1 | 断面2 | 投影面積 |

◆3プレートの場合にはランナーと製品部が被るが、これはそれぞれを計算するのではなく重なっているものとして投影面積を計算する。

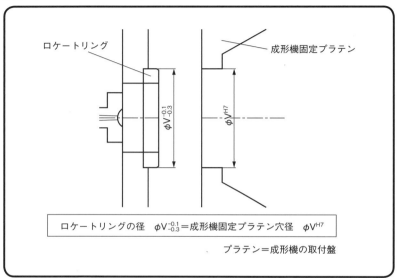

ロケートリングは金型と成形機の位置決めの役割をする。成形機の固定プラテンにあいている穴径によってロケートリングの径が決まる。

ロケートリングの径 $\phi V_{-0.3}^{-0.1}$ ＝成形機固定プラテン穴径 ϕV^{H7}

固定側プラテンの中心にあいている穴径は一般的に H7 の高精度であけられているので、その径にあったロケートリングを金型に設定する。

成形機の固定プラテンの穴径φ100^H7 に対応するロケートリングの径は

φ100$_{-0.3}^{-0.1}$

となる。

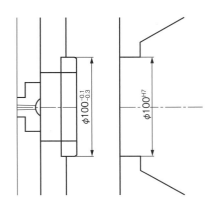

ワンポイントアドバイス

◆金型の交換が頻繁に行われるような場合には、ロケートリングではなく位置決めブロックを使用して成形機と金型の位置を決める場合もある。
このような場合には、取付板に位置決めブロックに対応する切り欠きを加工する必要がある。

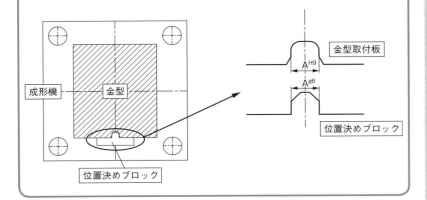

スプールブッシュの設計

ϕD スプルーブッシュの穴径 (mm) = ϕd 成形機のノズル穴径 (mm) + (0.5〜1)

R スプルーブッシュのノズルタッチ (mm) = r 成形機のノズル先端 (mm) + (0.5〜1)

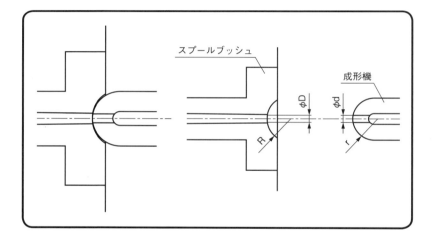

　スプルーブッシュの穴径 D およびノズルタッチ部 R は、成形機に付いているノズルの穴径 D および先端の R よって決まる。通常は成形機に対して金型側を 0.5mm〜1mm 程度、大きく設定する。

スプルーブッシュの穴径 D＝成形機のノズル穴径 d＋(0.5〜1) mm
スプルーブッシュのノズルタッチ R＝成形機のノズル先端 r＋(0.5〜1) mm

　なお、成形機側を大きく設定してしまうと、成形機のノズルがスプルーブッシュから浮いてしまう。そうすると樹脂がノズル先端から漏れてしまい、離型不良、金型破損などの原因となるので注意すること。

成形機のノズル穴径 φ3.5(mm)、先端r10(mm) の場合のスプルーブッシュの穴径およびノズルタッチRは次のとおり。

・ノズル穴径 φD
φ3.5+0.5=φ4(mm)

・ノズルタッチR
10+0.5=10.5(mm)

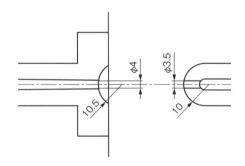

ワンポイントアドバイス

❖スプルーブッシュで成形機のノズルが接触する部分はノズルタッチの圧力がかかる。そのため、柔らかい鋼材では穴が潰れてしまうなど穴の変形が起きやすい。穴変形を防ぐためにスプルーブッシュは焼入れなど硬化処理を施した別部品を使用する。

金型の寸法（横幅）

金型の横幅（操作・反操作方向）
＜　成形機のタイバーの内幅

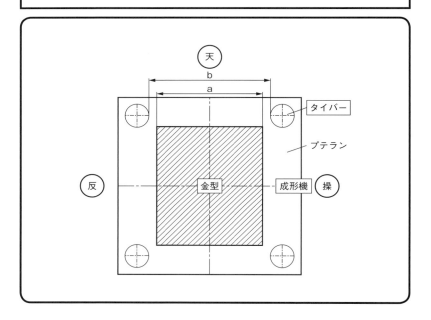

　一般的に金型を成形機に取り付けるには、クレーンなどで金型を吊り成形機の上方から金型を取り付ける。そのため、金型の幅寸法はタイバーの内幅寸法よりも小さい必要がある。

金型の横幅（操作・反操作方向）a＜成形機のタイバーの内幅 b

　金型の幅寸法がタイバーの内幅寸法よりも大きい場合でも、下記の条件を満たせば金型を回転することで取付可能となる。
- ・金型厚さ t＜操作・反操作方向のタイバー内幅 b
- ・金型高さ c＜天地方向のタイバー内幅 d
- ・金型対角寸法 e＜成形機のデイライト f

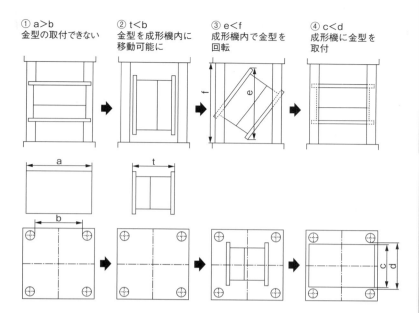

① a>b
金型の取付できない

② t<b
金型を成形機内に移動可能に

③ e<f
成形機内で金型を回転

④ c<d
成形機に金型を取付

1. 金型の幅 a がタイバーの内幅 b より大きいため、金型を回転する。
2. 金型厚さ t は、タイバーの内幅 b よりも小さいので、成形機のデイライト内に金型を移動できる。
3. デイライト内で金型を回転させる。この時金型の対角寸法 e が成形機のデイライト f 以下であれば金型を回転することができる。
4. 金型の高さ c が成形機のタイバー内幅 d より小さいので金型を成形機に取り付けることが可能となる。

ワンポイントアドバイス

◇原則として金型の天地方向寸法は、成形機に金型が取り付き、成形に影響がなければ特に規制はない。一般的にはプラテンサイズ以下の大きさが標準的である。

金型の寸法（厚み、型開きストローク）

- **最大/最小型厚→成形機による**
- **型開きストローク→製品やランナーが取り出せる量**

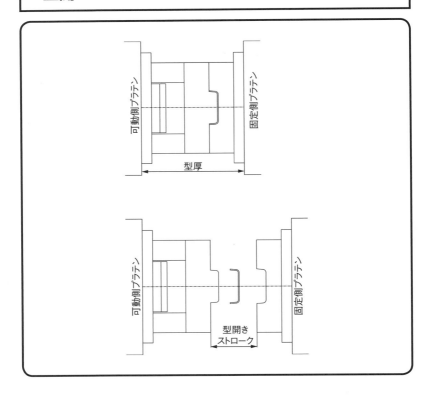

　金型の厚みは、型板の構成や金型強度、エジェクターストロークなどによってきまる。

　使用する成形機によって金型の最大および最小の型厚は定められているので、型厚が成形機の仕様の範囲内であれば特に問題はない。

型開きストロークは、製品やランナーが余裕をもって取り出せる量が基本となる。

　製品の取り出し方法は以下の3種類に分けられる。

1．自動落下

　製品の自重によって落下させる取出方法。型開きストロークは小さくて済むが、自動落下のため製品にキズが付く場合がある。

2．手動取出

　人の手による取出方法。手動なので一番融通が効くが、量産成形には向かない。

3．自動取出

　機械による取出方法。取出機のアームを考慮して型開きを大きくストロークさせる必要がある。

　2プレート金型の場合は、固定型板と可動型板が開くだけなので、成形機の仕様に対して型開きストロークに余裕があるか確認するだけでよい。

　3プレート金型の場合は、型開きストロークは設計で決まる。その為、取出方法に適した型開きを設計しなければならない。（3プレート　プラーボルトの長さ・3プレート　サポートピンの長さ参照）

ワンポイントアドバイス

◆設計した金型が成形機の最小型厚より小さい場合には、スペーサーを大きく取ることで型厚を調整する。

成形機への金型取付方法

取付方法 ─┬─ クランプ式
　　　　　└─ 直締め式

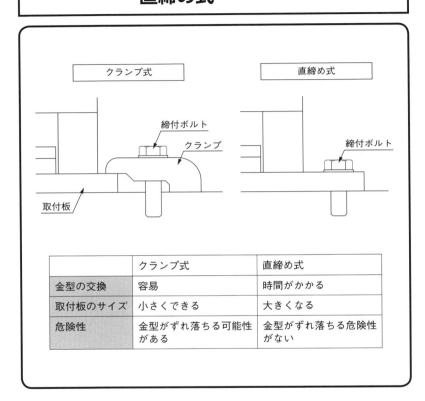

金型を成形機に取り付ける方法は一般的には次の2種類の方法がある。

1. クランプ式
締付け金具（クランプ）を用いて成形機のプラテンに締め付ける方式

2. 直締め式
取付板を直接ボルトでプラテンに締め付ける方式

どちらの方法で金型を取り付けるかは使用する成形機によって決まるが、どちらの方式でも取り付けるためのクランプやボルトがくる部分にはスペースが必要になる。その位置に他の部品を設定してしまったり、スペースの取り忘れなどには注意が必要である

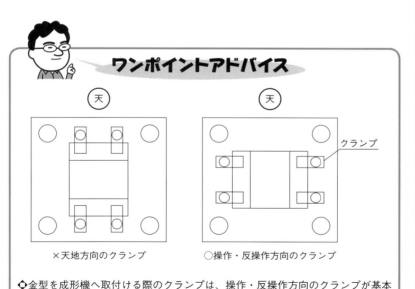

押出ロッドの位置

成形機によって位置が決まる

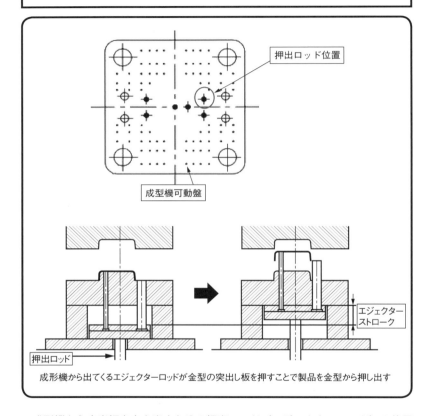

成形機から突出板を突き出すための押出ロッド(エジェクターロッド)の位置および径は成形機によって決まっている。金型では成形機のエジェクターロッド位置に当たるところに干渉物がないように設計をする。

200ton以下の小型成形機の場合には中央1箇所で問題ない場合が多い。
それより大きな成形機であれば、複数の押出ロッドをバランス良く使用する。

例

図の成形機の押出ロッドの位置は成形機のセンター1ヶ所とセンターからX方向200、Y方向50の位置の4ヶ所の計5ヶ所となる

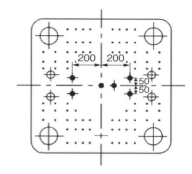

第3章 成形機と金型の関係

ワンポイントアドバイス

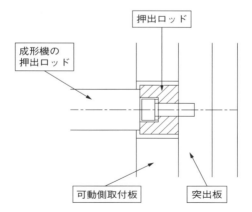

◆成形機の押出ロッドを直接突出板に当てて突出板を作動させる場合もあるが、一般的には金型側にも押出ロッドを設定し、成形機の押出ロッドによる突出板への打痕を防止する。

第 4 章
製品設計と樹脂の特性

成形する製品の主なチェックポイント

抜き勾配設定のポイント

肉厚設定のポイント

パーティングライン設定のポイント

アンダーカットの形状例と解消方法

金型加工を考慮した製品設計

樹脂の収縮率

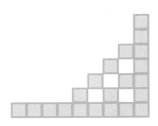

成形する製品の主なチェックポイント

製品形状	サイズ	最大外観寸法
	肉厚	標準肉厚 薄肉、厚肉の有/無
	ボス、リブ、穴	リブやボスの深さ、厚さ 穴形状によるウェルドの予測
	抜き勾配	勾配の有無 勾配がない場合の許容範囲
	アンダーカット	アンダーカットの必要性 アンダーカットの処理方法
製品寸法・精度	基準寸法	
	寸法精度・公差	公差有り寸法の位置・数
	形状精度	幾何公差の有無 形状精度の保証
製品外観	シボ	シボの種類・範囲
	表面粗さ	表面粗さの指定範囲・程度
	後工程	めっき、塗装などの有無
	デートマーク、刻印	刻印等の内容・範囲
	ゲート位置、ゲート跡	ゲートの許容範囲 ゲート跡の可否
	外観不良	突出ピンの跡やPLライン、入子の割線などの可否
製品用途	相手部品との関係	
	使用環境	温度、湿度、仕様頻度、振動など

　金型で成形する製品の形状や仕様は金型着手前に入念に確認する必要がある。
　製品の形状によっては金型で加工困難であったり、成形時に不具合が起こることが容易に予測できる場合もあり、その際には入念な打合せを行い形状の修正をする必要がある。

1. 製品形状

サイズ　　　　：金型のサイズを決定する

肉厚　　　　　：樹脂の流動性を考慮し、極端な偏肉部分が無いかを確認する。

ボス、リブ、穴　：リブやボスの幅、深さによってはひけの可能性や入子、スリーブ突出等の処理を必要とする。穴位置と樹脂の流動からウェルドの位置を予測する

抜き勾配　　　：金型として適した抜き勾配が付加されているか、ない場合には勾配の検討が必要になる。

アンダーカット：製品の用途として解消可能であれば解消する。解消不可であればどのようなアンダーカット処理方法になるか検討する。

2. 製品精度

基準寸法　　　：製品の基準となる位置（寸法の起点）を確認する。

寸法精度・公差：寸法精度の拘束がどの程度あるか確認する。加工の難易度につながる

形状精度　　　：形状精度の拘束がどの程度あるか確認する。加工の難易度につながる。

3. 製品外観

シボ、表面粗さ、後工程：金型に対して最終的な表面処理の有無を確認する。

デートマーク、刻印：日付や材質、部品番号、メーカー名などを金型に刻印するかを確認する。

ゲート位置、跡、外観不良：製品の用途とは関係のないラインや跡がでるのが問題ないかの確認。特に目に見える部分や透明な製品は注意が必要になる。

4. 製品用途

相手部品との関係：相手部品との組付け、位置関係を把握することで、勾配やゲート位置、突出し位置、入子などの許容範囲を知ることができる。

抜き勾配設定のポイント

1. 勾配はできるだけ大きく取る
2. 外周の勾配は一定にする
3. 相手部品との関係性に注意する

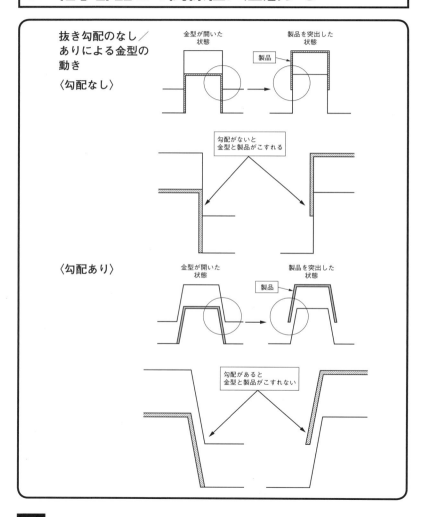

抜き勾配は、製品を金型からスムーズに取り出すために必要な勾配であり、抜き勾配がないと製品と金型が干渉し、製品不良や金型の破損などの不具合に通じる。

　元々の製品に勾配が設定されていればよいが、勾配の設定がされていないような製品の場合には以下のことに注意して勾配を設定する必要がある。

1. 勾配はできるだけ大きく取る

　公差や相手部品との関係など製品に制約があり勾配が制限される場合のことが多いが、抜き勾配は大きいほど離型性がよくなる。ただし、外観部分などは角度が大きすぎると印象が変わってしまうので最大でも5°程度が一般的である。

2. 外周の勾配は一定にする

　外周部の勾配が異なると離型バランスが悪くなる場合があるため、できる限り外周部の勾配は一定にする。また、勾配を一定にした方が加工性もよい。なお、リブや穴などと外周部の勾配を同一とする必要はない。

3. 相手部品との関係性に注意する

　金型で成形した成形品はそれ単体で製品として成立する場合よりも、他の複数の部品を組付けて製品として成立している場合がほとんである。抜き勾配をつける際には、相手部品との干渉や過剰な隙間が生じてしまうなど、相手部品との関係性を考慮しなければならない。

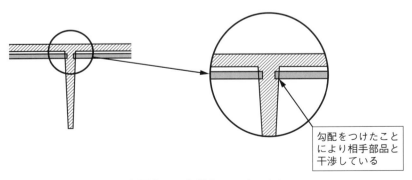

勾配をつけたことにより相手部品と干渉している

勾配をつけた場合のレイアウト

肉厚設定のポイント

・肉厚はできる限り均一にする
・均一にできない場合には緩やかに肉厚を変化させる

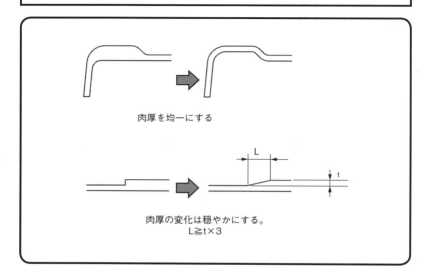

よい成形品をとるためには肉厚はできる限り均一とし、強度や剛性が必要な部分にリブなどで補強するのが望ましい。肉厚が極端に薄肉や厚肉な部分があると、ソリやヒケ、ボイドなどの成形不良を起こす可能性がある。

しかしながら、製品の機能や用途によってなかなか均一にできないのも事実である。その様な場合には、急激に肉厚を変化させてしまうのではなく、緩やかに肉厚を変化させ樹脂の流動性をよくすることで成形不良を回避する。目安としては、肉厚の変化量 t の 3 倍以上で変化させるとよい。

リブの肉厚

　一般の肉厚とリブの肉厚を同じにした場合。リブの根本が厚肉になりヒケやボイドといった不具合を生じる。その為、一般の肉厚に対してリブの肉厚は7割程度に抑えるのが理想である。

　ただし、このリブに抜き勾配を付けた場合、薄肉となり樹脂が回らなくなる可能性も高くなる。そのため、勾配と肉厚との関係に注意をする必要がある。

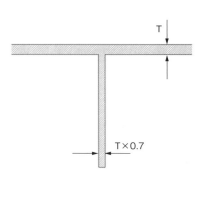

ボスの肉厚

　ボスに関してもリブと同様に根本が肉厚になってしまう。その為、ボスの肉厚を薄くするのはもちろんであるが、ボスの周囲の肉厚を薄くし厚肉化を避ける。

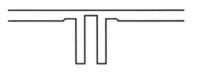

ワンポイントアドバイス

◆製品の外周に重なるような形のボスの場合は厚肉が生じてしまうので、可能な限りボスは外周から離すとよい。

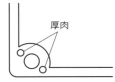

パーティングライン設定のポイント

〈固定側の決定方法〉
1. 製品として目に見える側（表側）
2. 離型しやすい側（離型抵抗の小さい側）

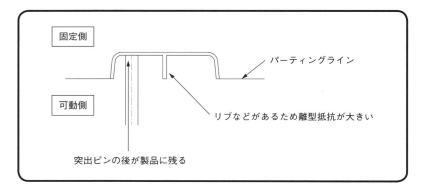

パーティングライン（PL）とは固定側と可動側の分割面のことである。どのような分割を設定するかは良い製品を成形するために必要なポイントとなる。

固定側の決定方法

製品を分割する前にどちらの面を可動側にするかを決める必要がある。一般的には次の2つの条件に合う側を固定側とする。

1. 製品として目に見える側（表側）

可動側には突出ピンの後や入子の分割線などが出てしまい、外観不良の原因となる。そのため、特に外観部品などでは表側を突出ピンなどのない固定側に設定する。

2. 離型しやすい側（離型抵抗の小さい側）

型開き時に製品は突出機構のある可動側に残っていなければならない。そのため、離型しやすい側を固定側に設定する。

製品に抜き勾配が設定されていれば、PLの位置が自動的に設定できるが抜き勾配の設定されいない製品の場合には次のことに注意してPLの設定をする。

1. 固定側の離型抵抗が小さな位置にする

前述のとおり、固定側の離型抵抗が小さくなるように PL を設定する。

2. できるだけ単純にする

複雑な PL は調整が難しくなってしまい、バリなどの不具合が発生しやすい。そのため PL は可能な限り単純な面にする。

3. PL ラインが目立たないようにする

PL は製品に分割線として残ってしまう。そのため、できる限り目立たない位置に PL を設定する。例えば、コーナー R の R 止まりや C 面の角、段差部などはラインが目立たないためよく設定される。

4. アンダーカットを避ける

アンダーカットは金型の構造を複雑にし、コストアップにつながる。その為、可能な限りアンダーカットを避けるように PL を設定する。

5. 抜き勾配を考慮する

PL の設定後に抜き勾配を設定した場合。PL の付け方によっては、抜き勾配が設定できなかったり、相手部品との干渉など構造上問題が発生したりする場合がある。PL を設定する際には、抜き勾配のことを考慮して設定しなければならない。

ワンポイントアドバイス

◇ PL の固定側と可動側を全面当てるのは合わせが困難になるなど大きな手間となる。そのため、全面を当てることはせず、製品やランナー端末から 10〜20mm をあててあとは逃がすとよい。

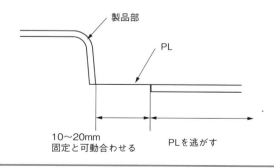

アンダーカットの形状例と解消方法

製品形状で解消できるアンダーカットは解消する

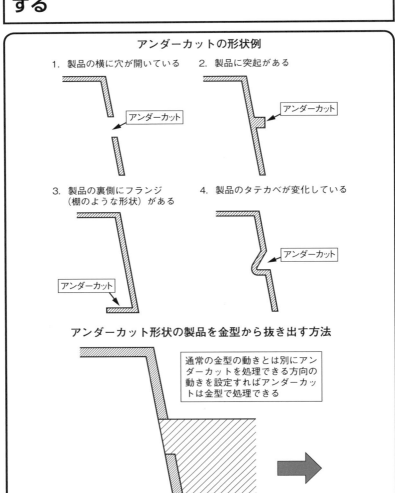

固定側と可動側の型開きでは取り出すことができない形状をアンダーカットという。このアンダーカットを金型で処理するためにはスライドコアや傾斜コアといった機構が別途必要になる。

　別の機構を設定するということは、当然金型の製作工数の増加・コストアップ。また、何らかの不具合が発生する確率が上がる。製品の機構上必要が無いのであれば、**アンダーカットはできる限り製品設計の段階で解消した方がよい。**

アンダーカットの解消例

解消できるアンダーカットは解消する

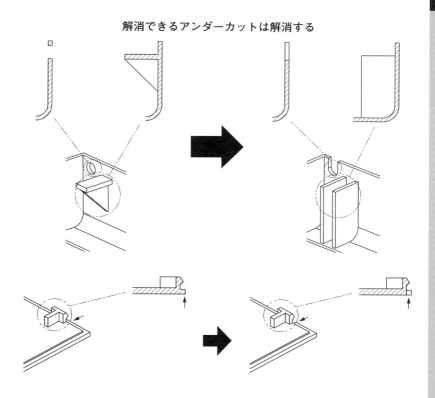

金型加工を考慮した製品設計

製品形状によって金型の加工工数の短縮とコストの削減につなげることができる

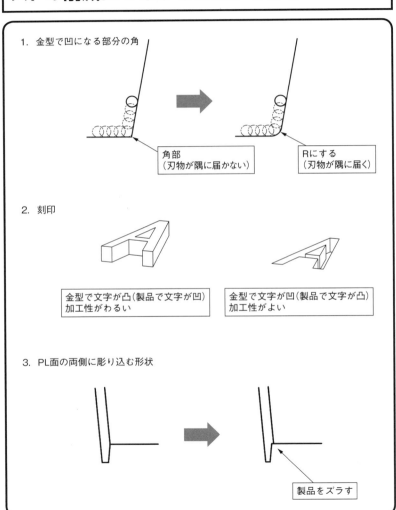

1. 金型で凹になる部分の角

   角部（刃物が隅に届かない）　→　Rにする（刃物が隅に届く）

2. 刻印

   金型で文字が凸（製品で文字が凹）加工性がわるい

   金型で文字が凹（製品で文字が凸）加工性がよい

3. PL面の両側に彫り込む形状

   製品をズラす

製品の形状によっては加工の難易度や工数のアップに繋がる場合がある。

その形状がその製品にとって本当に必要なのであれば仕方がないが、もしその形状が変更可能なものであれば形状を変更することで、加工工数の短縮、コストの削減につなげることができる。

1. 金型で凹になる部分の角

金型で彫込加工が必要な形状の場合。隅を角にしてしまうと刃物が届かず放電での加工が必要になる。その為、隅にはRをつけるのが望ましい。さらにRの径は使用する刃物のRより大きくするとよい。

2. 刻印

刻印は製品で凸になる方が、金型では凹なるので加工性がよい。

3. PL面の両側に彫り込む形状

金型の両側に彫込が必要な形状は加工や成形収縮の誤差を考慮して彫込に差をつける。一般的には製品の裏面に当たる方の面を狭くする。

ワンポイントアドバイス

◆金型で凹になる部分の角の処理について、その部分を入子にするのであれば角をRにするとむしろ加工工数が増えてしまうので、Rにせずに角のままにするのがよい。

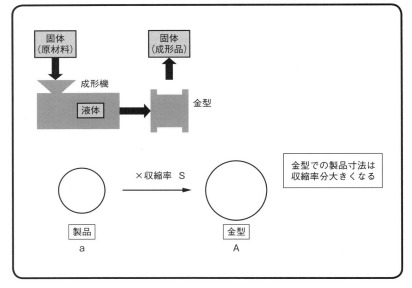

　樹脂は、製品の状態では固体であるが、金型に流すときは液体である。固体と液体の状態では体積が異なる。その体積比のことを収縮率という。

　元になる製品図面は固体であるが金型に流れる樹脂は液体である。、そのため製品図面の寸法そのままで金型を作成してしまったら取り出す製品は体積比の分、小さな製品ができてしまう。そのため必ず金型の設計をするときには、製品寸法に収縮率をかけて体積比を見込んだ状態で金型設計を進める必要がある。

製品の寸法×収縮率＝金型での寸法

例

図のような製品を金型で成形する場合、収縮率 0.7 %（7/1000）の樹脂を使用すると、金型での寸法は次のようになる。

・X方向
100 mm×1.007＝100.7 mm

・Y方向
50 mm×1.007＝50.35 mm

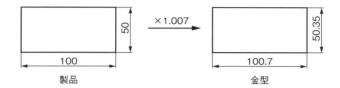

製品　　　　　　金型

ワンポイントアドバイス

◇表は代表的な樹脂の収縮率であるが、樹脂のグレードによっては収縮率が異なる場合があるため正確な収縮率は樹脂メーカーに確認する必要がある。

樹脂種類	収縮率（%）
PP	1.0〜2.5
PET	0.2〜0.4
PS	0.4〜0.7
ABS	0.4〜0.9
PC	0.5〜0.7

第 5 章
ランナーとゲート

ランナーバランス

コールドスラッグウェルの設定

ゲートの種類

サブマリンゲート設定のポイント

ピンゲートの詳細設定

ランナーバランス

同一製品の多数個取りの場合ランナーの距離を均一にする

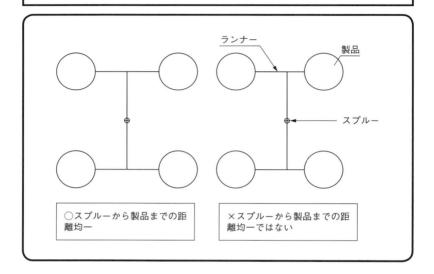

 スプルーから製品までの樹脂の通り道のことをランナーという。ひとつの金型で複数の製品を成形する場合には、ランナーのバランスが重要になる。バランスが悪いとショートショットや過充填などの不具合の原因となってしまう。
 同じ成形品を複数成形するのであれば、スプルーから成形品までのランナーの距離を均一にすることでランナーバランスをとる。

多数個取りレイアウトの参考例

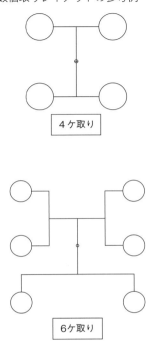

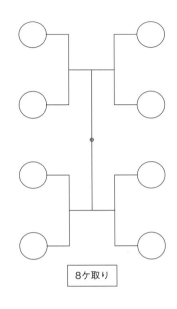

4の倍数個取りはトーナメント式のレイアウトにすることでレイアウトは比較的容易であるが、その他の取り数ではバランスの取れたレイアウトは容易ではなく、ランナーの距離を均一にしない場合もある。

ワンポイントアドバイス

◇異なる形状の製品を複数成形する場合には、ランナーの太さや距離を調整することでバランスを取るが、どうしてもバランスに不安が残る場合には、ランナーを切り返しできるランナーチェンジピンを設定し各々を単独で成形できるようにするとよい。

コールドスラッグウェルの設定

1. ランナーの曲がる部分や分岐する部分
2. スプルー直下

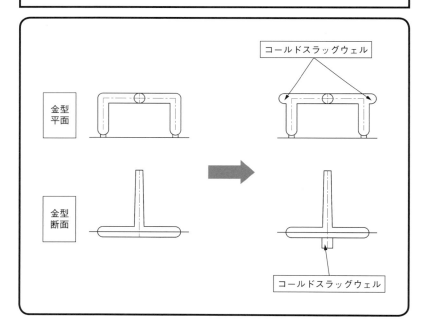

流動樹脂の先端の冷えた樹脂をコールドスラッグという、このコールドスラッグをそのまま製品面に射出してしまうとフローマークやジェッティングといった外観不良の原因となる。

そのためランナーにコールドスラッグを溜めておくコールドスラッグウェルを設ける必要があり、設定する箇所は以下の2点になる。

1. ランナーの曲がる部分や分岐する部分。

2. スプルー直下

コールドスラッグウェルの量の目安はランナーの径の1～1.5倍を設ける

コールドスラッグウェルの寸法の例

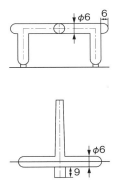

ワンポイントアドバイス

◆スプルー直下のコールドスラッグウェルは、離型時にスプルー部分が型内に残ってしまうスプルー取られを起こさないようにアンダーカットを設ける場合が多い。

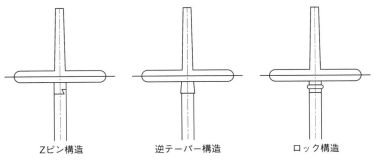

Zピン構造　　　　逆テーパー構造　　　　ロック構造

ゲートの種類

ゲートには様々な形状があり、その製品の用途や形状・樹脂の種類などの条件からゲート形状を決めるとよい。

ダイレクトゲート	ランナーを介さずにスプルーブッシュから直接製品にゲートをおとす方法。ランナーを必要としないため、設定が容易で樹脂の節約にもなる。取り数は1個取に限定される。 欠点としては、ゲート付近に歪みが出やすいこと。製品にゲートカットをした跡が大きく残ること、などがある。バケツなどに多く見られる。
サイドゲート 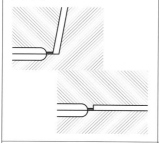	製品の側面に付けるゲート。加工が簡単で、多数個取りにも対応できることから、もっとも一般的に使用されるゲートである。 成形品を金型から取り出した後、ニッパーなどでゲートを切断して仕上げる。そのため、ゲートの跡が残るので目立たない場所に付けるなどの配慮が必要となる。
ジャンプゲート オーバーラップゲート 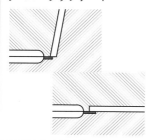	サイドゲートと似ているが、サイドゲートは製品の側面にゲートを設定するのに対して、このゲートは製品の上面または下面にゲートを設定する。製品の外表面にゲート跡を残したくない場合などにこのゲートを使用する。

サブマリンゲート トンネルゲート 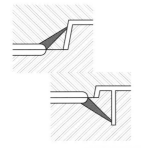	このゲートは自動的に切断される。そのため、ゲートの仕上げが不要となる。多少のゲート跡は残るがあまり目立たない。 図のように可動側にゲートを潜らせる場合と固定側に潜らせる場合がある。可動側に潜らせる場合には、突出し動作によりゲートが切断されるのに対して、固定側に潜らせる場合は型開きの際にゲートカットされる。 ゲートを金型に、潜らせるため加工が手間である。
カルフォーンゲート バナナゲート 	サブマリンゲートを湾曲させたゲート。製品の形状によってこのようなゲート形状になる。 効果はサブマリンゲートと同様であるが、湾曲しているため、加工はさらに手間がかかる。さらにゲート部分が金型から抜けにくいため、突出しに気を使い、抜け対策を十分に設定する必要がある。
ピンゲート 	3プレート構造でゲートが自動的に切断されるゲート構造である。仕上げ不要であるが、切断跡が凸に残らないよう切れ対策が必要。ランナーのレイアウトの自由度が高く、多点ゲートも可能なことから応用性が高いゲート構造である。 ただし、ゲートの径が小さいため、アクリル樹脂のような流動性の悪い樹脂には向いていない。また、ガラス入りの樹脂などもゲートの摩耗を生じゲートの切断がうまくいかない場合があるため向いていない。
フィルムゲート フラッシュゲート 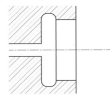	製品に沿ってランナーを付けたフィルム状のゲート。幅が広いため樹脂が製品に均一に流れる。 均一な流れは、変形やゆがみなどの不具合防止に効果がある。そのため、薄板状の成形品に有効である。 ゲートの仕上げに難がある。

サブマリンゲート設定のポイント

ゲートカットされるための寸法設定

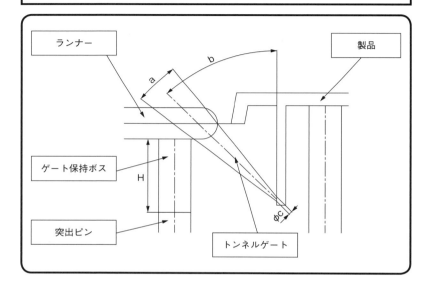

　サブマリンゲートは、パーティング面から金型の内部にゲート形状が設けられ、型開きや突出しのタイミングで自動にゲートカットされる構造である。そのため、確実にゲートカットされるような設計をすることが重要になる。

　トンネル部のテーパー（a）　…　10°〜20°
　PL面との傾斜角（b）　…　45°〜65°
　ゲート径（c）　…　0.8〜2.0mm

　ゲート付近のランナーには、エジェクターピンを配置し、そのピンの上部にはゲート保持のためのボスを設定する。ボスの全長Hは、突き出しの際に成形品がコアから完全に離型するまでゲートを保持し円滑にゲート切断ができるような長さが必要になる。

サブマリンゲートの設定例

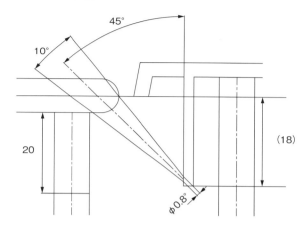

＊H寸法20mmはゲート18mmを保持できる深さが必要になる

ワンポイントアドバイス

◇アクリル樹脂のような流動性の悪い樹脂や、ガラス入りなどのゲートが摩耗してしまう樹脂には、このゲート形状は適さない。

ピンゲートの詳細設定

自動切断されるような寸法を設定する

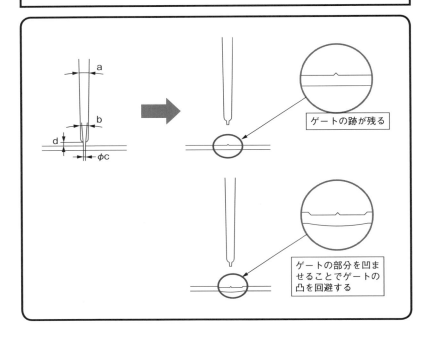

　ピンゲートは3プレート構造で自動的にゲートが切断されるゲート方式である。その構造から、ランナーのレイアウトが自由度が高く、多点ゲートも可能なことから応用性が高い。

スプルー部のテーパー（a） …2°〜4°
ゲート部のテーパー（b） …10°〜45°
ゲート径（φc） …φ0.5〜2mm
スプールから製品までの距離（d） …c×1.5〜2mm

　自動切断とはいえ、ゲートは型開きによって強制的引きちぎられるため、ゲートの跡に若干の凸形状が残ってしまう。そのためゲート跡を嫌う様な製品では製品を0.3〜0.5mm程度凹ませてゲート跡が製品面よりも飛び出さないようにす

る。

　製品面に凹を作る際には、反対側の可動側にはその分凸形状を作成し、肉厚を一定にするのがよい。

ピンゲートの設定例

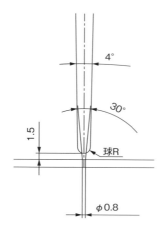

第6章
エジェクタースペース

エジェクターストロークの設定

リターンピンスプリングの設定

突出し機構の種類01

突出し機構の種類02

突出し機構設定のポイント

エジェクタースペースに入るその他の部品

エジェクターガイドピンの設定

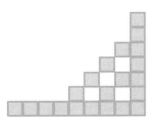

エジェクターストロークの設定

S エジェクターストローク (mm) ≧ **L** 製品の最も低い部分から可動側の最高部分までの距離 (mm) ＋ 5

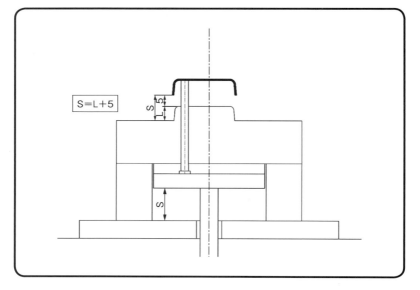

突出ストロークは製品を金型から突出す量である。ストロークが不十分だと、金型から製品を取り出すのが困難になってしまう。人による取り出しであれば特にそれでも問題はないが、量産などでは自動取り出しが基本である。そのため十分な突出しストロークが必要になる。

基本的には製品の最も低い部分から可動側の最高部分までの距離＋5mm程度のストロークが必要になる。

エジェクターストローク S≧製品の最も低い部分から可動側の最高部分までの距離 L+5
　　　　mm　　　　　　　　　　　　　　　　　　　　mm

例

　製品の最も低い部分から可動側の最高部分までの距離が 80mm の金型に必要なエジェクターストロークは

80mm＋5mm＝85mm

となり、

　エジェクターストロークは 85mm 必要になる。

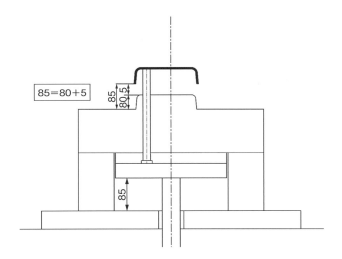

ワンポイントアドバイス

◆成形機によって最大のエジェクターストローク量が決まっている場合があるので成形機の仕様に注意すること。
◆型構造上傾斜コアが必要な場合にはエジェクターストロークは傾斜コアの移動量によって決まる場合がある。

リターンピンスプリングの設定

n 保持荷重 (kgf) ＞ **A** 突出板の重量 (kg)

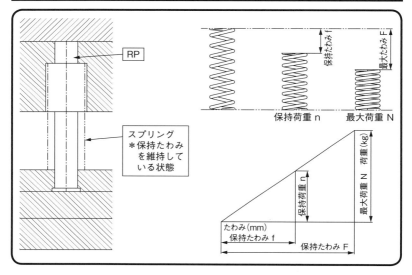

　突き出された突出板は、固定側型板にリターンピン（RP）が押されることによって元の位置にもどる。一般的には突出板を確実に戻し保持するためにコイルスプリングを設定する。

　突出板を保持するためのスプリングのたわみを『保持たわみ』という。この保持たわみの荷重 n は突出板の重量 A より大きい必要がある

保持荷重＞突出板の重量

　スプリングの最大たわみと最大荷重は規格として数値化されているのでそれを元に下記の式や図の三角形を用いて保持荷重を算出することができる。

保持たわみ f（mm）× $\dfrac{\text{最大荷重 N（kgf）}}{\text{最大たわみ F（mm）}}$ ＝保持荷重 n（kgf）

　この保持荷重に使用しているスプリングの数をかけた数値が、突出板に対する

保持荷重となる。

例

◆180（mm）×300（mm)×50（mm）の大きさの突出板に必要な保持荷重は次のようになる

・突出板の重量
180/10（cm）×30/10（cm）×50/10（cm）×7.89（g/cm^3）＝21249 g＝21 kg

・使用するスプリングの仕様
外径φ25 mm　内径φ13.5 mm　長さ90 mm
最大たわみ45 mm　最大荷重50 kg
数量4個
保持たわみ　5 mm

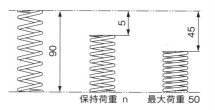

・保持たわみ5 mmの時のスプリングの保持荷重
5 mm×50 kg/45 mm＝5.56 kg

・スプリングの使用数量4個なので
4個×5.56 kg＝22.22 kg

◎スプリングの保持荷重　22.22 kg
＞突出板の重量　21 kg

ワンポイントアドバイス

◇基本的にスプリングはRPに設置されるそのため、RPの経よりスプリングの内径が大きい必要がある。
　上の例でいえばスプリングの内径はφ13.5 mmであるからRPの径はφ13 mm以下となる。
◇金型に傾斜コアがあるような場合には安全率を設ける場合もある。
　　　　保持たわみの荷重　＞　突出板の重量×1.5（安全率）

突出し機構の種類 01

・突出しピン
・スリーブピン

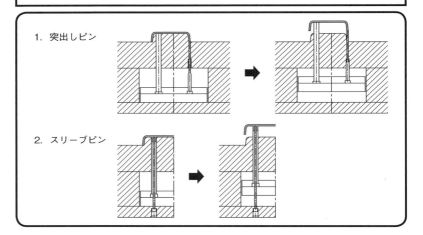

1. 突出しピン
2. スリーブピン

製品を金型から離型させるための機構を突出し機構といい。その仕組は成形機から出てくるエジェクターロッドが金型の突出板を押すことで製品を金型から押し出す様な仕組みとなっている。この突出し機構には次のような種類がある。

1. 突出しピン

エジェクターピン（EP）と呼ばれるピンで製品を突き出す方法。他の突出し方法に比べて、構造が単純であり低コストで加工性がいいことから最も一般的な突出し方法といえる。

ピンの断面形状は主として丸い形状のものが用いられる。他にも断面が四角い形状のピンもあり、これは製品のリブや肉厚など幅が狭い範囲を突き出すために用られる。だだ、角突出しピンは丸突出しピンに比べて加工性が悪い。

欠点としては突出し面積が狭いため、製品に突き出しの跡が残りやすい。

2. スリーブピン

ボス形状の肉厚の部分をスリーブピンと呼ばれるピンでリング状に突き出す方法。中心が空いているスリーブピンの中に、コアピンと呼ばれるピンが入る。このコアピンは可動側の取付板に固定されているので突出し時には動くことはない。スリーブピンのみが可動して製品を突出す。

突出し機構の種類 02

・直上コア
・ストリッパープレート

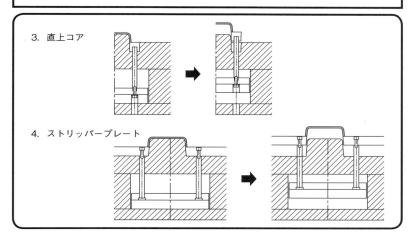

3. 直上コア

4. ストリッパープレート

3. 直上げコア

ブロックで大きな範囲を突き出す方法。 突出しピンに比べて加工に手間がかかる。

しかし、突出し面積が大きいので突出しの跡が残りづらく、そのため突出の跡が許されない透明の製品や肉厚の薄い製品などでよく用いられる。また、離形抵抗の大きい部分に対してはあえて突出し面積の大きいブロックを用いて確実に製品を突出すようにする場合もある

4. ストリッパープレート

プレートを用いて製品の外周全体を突き出す方法。ブロック突出しと同じで突出しピンの跡が許されないような製品や肉厚の薄い製品などに用いられる。ブロック突出しが製品の一部を突き出しているのに対して、プレートによる突出しは製品全体を突き出しているので、非常にバランスのいい突き出し方法といえる。

この方法の欠点は金型を構成するプレートが1枚増えるためコストが高くなること。また PL の変化が激しい製品には使えない。

突出し機構設定のポイント

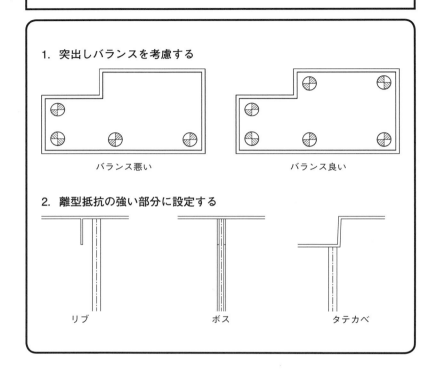

1. 突出しバランスを考慮する

   バランス悪い　　　　　　　バランス良い

2. 離型抵抗の強い部分に設定する

   リブ　　　　　ボス　　　　　タテカベ

　突出し機構は成形品を金型から突出すために欠かせない機構であり、良質な成形品を取り出すためには適切な位置に配置する必要があり、以下のポイントに注意をする。

1. 成形品を安定して、バランスよく突き出せる位置にエジェクタピンを配置する。
2. 離型抵抗の強い部分に配置する。深いリブやボス、タテカベなどは特に離型抵抗は強いので重点的に配置する。
3. 突出し面積はできるだけ大きく設定する。面積が小さいとピンの変形が起

きたり、製品表面に白化などの現象が生じる。
4. 成形品表面のエジェクタピンの跡を考慮する。エジェクタピンの凹凸形状、ピン周囲のバリ。特に透明な製品や目に見える部分は注意が必要である。
5. 深いボスにはエジェクタスリーブを採用する。エジェクタスリーブを採用する際には、エジェクタガイドを併せて採用する。
6. スライドコアの直下など特殊なエジェクタピンの配置が必要な場合は、リターンピンのスプリングなどエジェクタピン早戻し装置を採用する。
7. 冷却回路を考慮する

ワンポイントアドバイス

◆製品形状が平坦ではない場所をピンで突出す場合には、突出しピンに回転止めを設定する

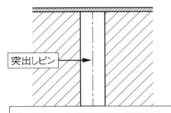

ピンが回っても製品形状に影響はない

ピンが回ってしまうと製品形状がNGとなる

ツバにノックピンを入れる

Dカット

両側カット

回転止めの種類

エジェクタースペースに入るその他の部品

- **エジェクターガイドピン**
- **エジェクターロッド**
- **サポートピラー**
- **ストロークストッパー**

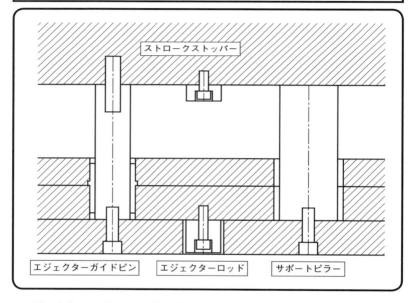

エジェクタースペースには他にも以下のような様々な部品が設定される。

エジェクターガイドピン	突出板の動きをガイドするためのピン。標準のモールドベースではリターンピンがエジェクターガイドの役割を果たすため設定されていない。しかし、突出板の自重や突出スピード、突出力など様々な条件によってはリターンピンにカジリや焼付が生じる。突出ストロークの小さな金型や小ロットの金型ならリターンピンのみでよいが、そうでない場合にはエジェクターガイドピンを設ける。

エジェクターロッド	成形機のエジェクターロッドを当てるためのピン。位置は成形機によって決まるので、その位置に他の部品が干渉しないように注意をする必要がある。
サポートピラー	型板がたわむのを防ぐためのピン。射出圧力は金型の中央に作用するのでサポートピラーは金型の中央部に設定するのが理想である。しかし、実際には成形機のエジェクターロッドが配置されるため、エジェクターロッドをかわして配置する。
ストロークストッパー	突出し板のストロークを途中で止めるためのピン。冷却のパイプなどの部品がエジェクタースペースに出ている場合には、干渉をしないようにストロークを規制する必要がある。

ワンポイントアドバイス

◆突出し板のストローク調整にはストロークストッパーの他にも、リングをサポートピラーやエジェスターガイドピンに設定する場合もある。

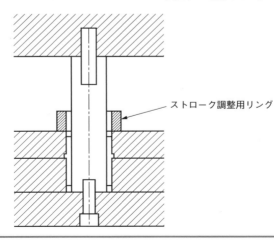

ストローク調整用リング

エジェクターガイドピンの設定

リターンピンのカジリや焼付けを防ぎ突出板の動作をスムーズにする

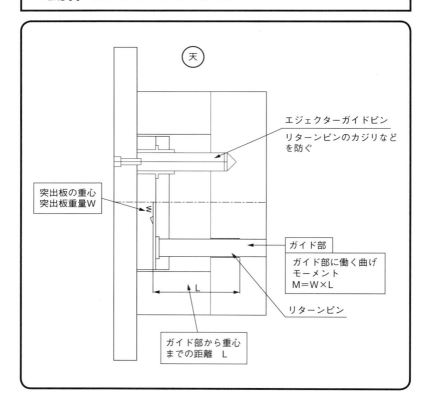

　エジェクターガイドピンは突出板の動きをガイドするためのピンである。

　市販されている標準のモールドベースでは、リターンピンがエジェクターガイドの役割を果たすため設定されていない。しかし、突出板の重心とリターンピンのガイド部が離れているため曲げモーメントが作用してしまい、突出スピードなどの条件によってはリターンピンにカジリや焼付が生じる。突出ストロークの小さな金型や小ロットの金型ならリターンピンのみでよいが、そうでない場合には

エジェクターガイドピンを設けるほうがよい。

エジェクターガイドピンはその目的から大きく2種類に分類することができる。

1. ガイドとしての剛性や位置決めを重視した**インロータイプ**
2. サポートピラーと兼用した型板の底面に**突き当てるタイプ**

型設計時にはその目的によって適したタイプを使用すればよい。

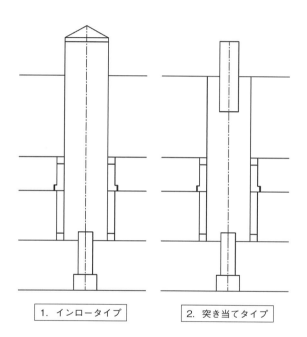

1. インロータイプ　　　2. 突き当てタイプ

第7章

冷却

冷却回路の基本的な設定方法

効率的な冷却回路の設計

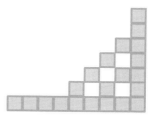

冷却回路の基本的な設定方法

・操作・反操作方向に偶数本設定
・イン/アウトは反操作側に設定

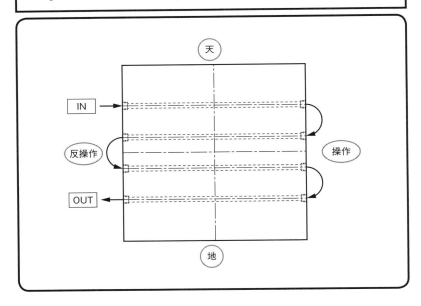

　冷却は基本的に操作・反操作方向に偶数本設定しインとアウトが同じ面に来るように設定する。イン/アウトは反操作側に設定するのが望ましい。

　ただし、これはあくまでも基本であって金型の構造上、天地方向に設定する場合もある。その際には天側にイン/アウトを設定してしまうと液垂れなどで金型の製品部に水が垂れてしまうことなどが起こる可能性もある。そのため、天地方向に冷却を設定する場合にはイン/アウトは必ず地側に設定する。

　冷却ピッチの目安は冷却の径 φa の5倍程度が目安となる。しかし、これはあくまで目安であり製品の成形サイクルや形状。また、金型の他の構成部品などによってピッチを決めるのがよい。

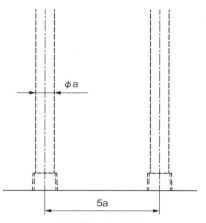

冷却ピッチの目安

ワンポイントアドバイス

◯大きな金型ではイン/アウトを複数設ける場合があるが、その場合には冷却マニホールドで各回路を集約し、イン/アウトを規制する。

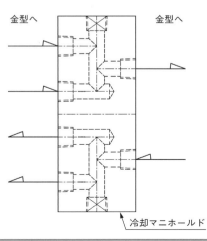

効率的な冷却回路の設計

冷却タンクの設定と O-リング

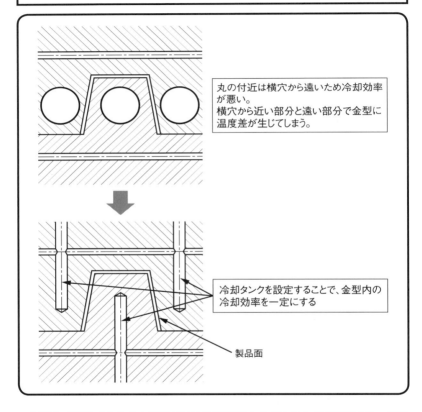

丸の付近は横穴から遠いため冷却効率が悪い。
横穴から近い部分と遠い部分で金型に温度差が生じてしまう。

冷却タンクを設定することで、金型内の冷却効率を一定にする

製品面

　金型の成形サイクルを上げるには冷却効率をよくすることが重要である。製品の高低差が大きい製品では冷却回路の横穴だけでは均一に冷やすことができず非常に冷却効率が悪くなる。

　そのような場合には金型の底面から製品面に向かって冷却タンクと呼ばれる穴を設定し、製品部が均一に冷えるようにする。

　冷却タンクの先端まで水を効率よく回すために、タンクにはバッフル板と呼ば

れるプレートやパイプを設定する。冷却タンクが入子などを貫通する場合にはそのままでは入子との分割部分から水漏れが生じてしまうので、漏れを防ぐためにO-リングを設定する。

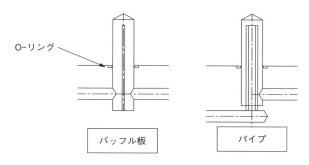

| バッフル板 | パイプ |

ワンポイントアドバイス

◆ O-リングはJIS規格で定められており、タンクのサイズによって自動的に使用するO-リングのサイズが決まる。図にO-リングとタンクの関係例を示す。

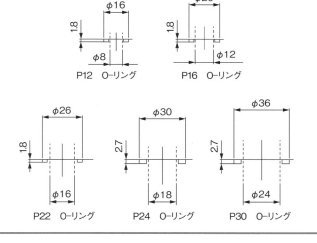

第8章
アンダーカット

- スライドコアの基本構造
- スライドコアのストローク
- スライドコアの戻り防止スプリング
- 傾斜コアの基本構造
- 傾斜コアのストローク
- その他のアンダーカット処理方法 01
- その他のアンダーカット処理方法 02

スライドコアの基本構造

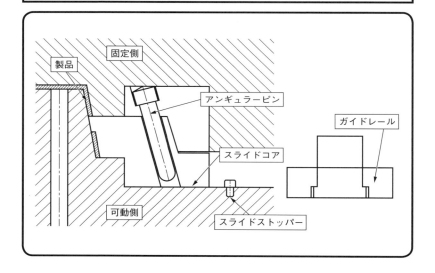

スライドコアによるアンダーカット処理は以下の部品で形成される。

スライドコア：アンダーカット部分に設定されているコマ。型の開きによってスライドコアが稼働しアンダーカットを処理する。

アンギュラーピン：固定側に斜めに設定されたピン。このアンギュラーピンが型開きの際にスライドコアを稼働させる役目をする。

スライドストッパー：移動量以上にスライドコアが下がりすぎてしまうのを防ぐための部品。スライドストッパーとしてはブロックやボルトなどを利用する

ガイドレール：スライドコアが可動する際に、上下のがたつきを押さえ、その動きをガイドする役目をする部品。

例

スライドコアによるアンダーカット処理は金型の固定/可動が開く際に次のような動きによって処理される。

①型が閉じた状態

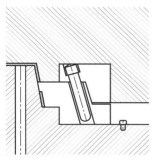

②型が開きはじめた状態
（アンギュラーピンがスライドコアを下げる）

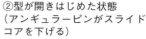
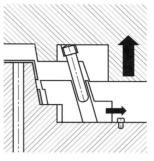

③型がすべて開いた状態
（スライドコアは完全に製品から外れている）

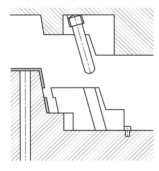

④製品を突き出している状態

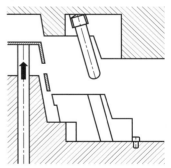

⑤型が閉じた状態
（アンギュラーピンによってスライドコアが戻る）

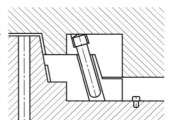

第8章 アンダーカット

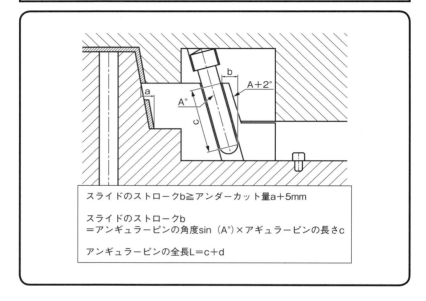

アンダーカットを処理する方法として、アンギュラーピンによるスライドコアがある。このスライドコアの稼働量はアンダーカットの量より大きくなければならない。目安としては、『アンダーカット量＋5 mm』程度はスライドを可動させる。

なお、スライドコアの稼働量はアンギュラーピンの長さと角度で決めることができる。

スライドコア稼働量＝アンギュラーピンの角度×アンギュラーピンの長さ

例

アンダーカット量 14 mm に対するアンギュラーピンの長さを求める。

アンギュラースライドの稼働量は
14 mm＋5 mm＝19 mm
アンギュラーピンの角度　15°
アンギュラーピンの長さ　c

19（mm）＝sin（15°）×c
c＝19/sin 15°
≒73.4

◎実際のアンギュラーピンの長さは
ロッキングブロックに入っている部分
41 mm も含めるので
73.4＋41＝114.4
となり、アンギュラーピンの長さは
114.4 mm となる。

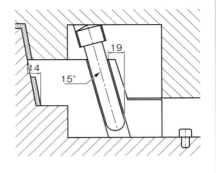

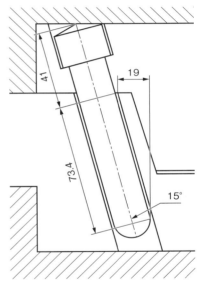

ワンポイントアドバイス

◆アンギュラーピンの角度は原則として 18°以下とする。

スライドコアの戻り防止スプリング

〈天側のスライドコアの場合〉

スプリングの保持荷重 n (kgf) ≧ スライドコアの重量 K (kg) × 1.5〜2.0

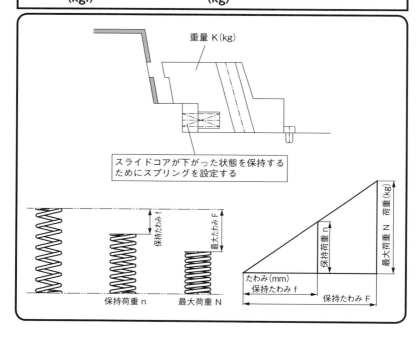

　型が開いたときにスライドコアが自重で戻ってしまわないようにスプリングを設定し位置を保持する。

　自重の影響の少ない操作・反操作側や地側にはスプリングを設定しない場合もあるが、自重の影響をもろに受ける天側にはスプリングは必須である。

　スプリングの保持荷重はスライドの重量 K に対して
　　天側　1.5〜2 倍
　　操作・反操作側　1 倍　または　なし
　　地側　1 倍　または　なし

例

天側にあるスライドコア
 重量 1.5kg
 ストローク量 10mm
に必要な戻り防止スプリングの保持荷重は次のとおり。

使用するスプリングの仕様
 外径φ10mm 長さ30mm
 最大たわみ15mm 最大荷重10kg

ストローク後の保持たわみは
30−(15+)10=5mm
 この時の保持荷重は
10kgf×5mm/15mm=3.33kg

保持荷重3.33kgはスライドコアの重量1.5kgの2倍より大きいので問題なしである。

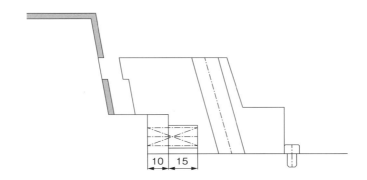

 ワンポイントアドバイス

◆スライドコアのストロークの位置決めには、スプリンの補助的な意味合いでボールプランジャーを用いる場合もある。

傾斜コアの基本構造

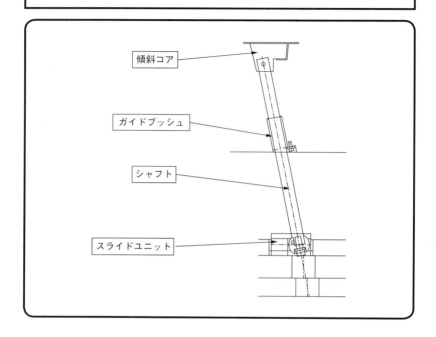

　傾斜コアによるアンダーカット処理は以下の部品で構成される。

　傾斜コア：アンダーカット部分に設定されるコマ。この傾斜コアを稼働させることでアンダーカットを処理する。

　スライドユニット：突出板の動きをアンダーカットを処理する方向に変換するためのユニット。各金型メーカーで自作する場合もあるが、ミスミなどの金型部品メーカーにも標準部品がある。

　シャフト：傾斜コアとスライドユニットをつなぐピン

　ガイドブッシュ：傾斜コアをガイドするためのブッシュ

傾斜コアによるアンダーカット処理は突出板が作動する際に次のような動きによって処理される。

1. 型が閉じた状態

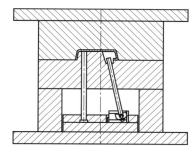

2. 型が開いた状態

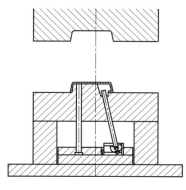

3. 製品を突出しはじめた状態（傾斜コア動作する）

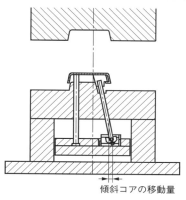

傾斜コアの移動量

4. 製品をすべて突出した状態（傾斜コアはすべて抜ける）

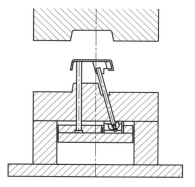

5. 再び型が閉じた状態

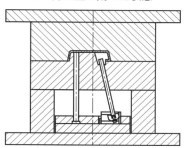

傾斜コアのストローク
傾斜コアのストローク (mm) $\geq$ アンダーカット量 + 5 　　　　b　　　　　　　　　　　　a

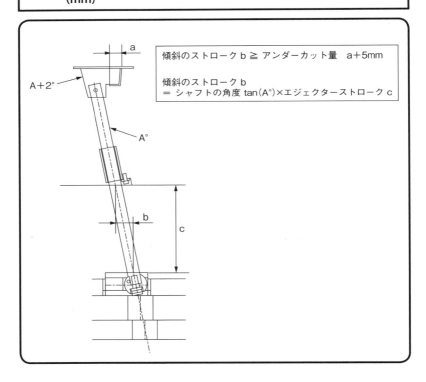

傾斜のストロークb ≧ アンダーカット量 a+5mm

傾斜のストロークb
= シャフトの角度 tan(A°)×エジェクターストローク c

　傾斜コアの稼働量はアンダーカットの量より大きくなければならない。目安としては、『アンダーカット量+5mm』程度は傾斜コアを可動させたい。

傾斜コアのストロークb ≧ アンダーカット量a ＋ 5mm

　なお、傾斜コアの稼働量はエジェクターストロークとシャフトの角度で決めることができる。

傾斜コアのストロークb
**　　　　　　　　＝ シャフトの角度 tan A°　×　エジェクターストローク c**

エジェクターストローク 100mm の金型のアンダーカット量 10mm に対する傾斜コアのシャフトの角度を求める。

傾斜コアの稼働量は 10mm＋5mm ＝15mm

エジェクターストローク 100mm なので

$15\,(mm) = \tan(A°) \times 100\,mm$

$A = 8.53$

$\fallingdotseq 9°$

したがって、シャフトの角度は 9°となる。

ワンポイントアドバイス

◇シャフトの角度は 15°以下とする。

◇傾斜コアは製品の内側にアンダーカットを処理する処理方法である。そのため傾斜コアの進行方向にリブなどの製品形状や突出しピンなどの金型部品が干渉しアンダーカット処理が成立しない場合があるので注意すること。

アンダーカットにリブがある例

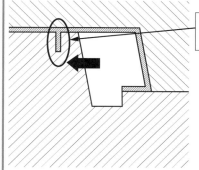

アンダーカット処理の進行方向にリブなどがあると、コマとリブが干渉してしまい処理が成立しない

その他のアンダーカット処理方法 01

・垂直押上ユニット
・スプリングコア

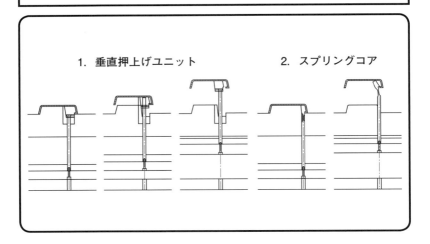

アンダーカットの処理方法として代表的なものはスライドコアと傾斜コアであるが他にもアンダーカットを処理する方法は複数ある。

1. 垂直押上ユニット

傾斜コアが斜めに押し上げるのに対して、垂直に押し上げることでアンダーカット処理を行うユニット。斜めの加工が不要になることから傾斜コアに比べて加工が簡単になる。また、傾斜コアに比べて省スペースでの処理が可能となる。

ただし、アンダーカットの量が大きい物には向いていない。また、傾斜コアに比べて部品の組み付けが手間になる。

2. スプリングコア

シャフト部分を弾性力で曲げることによってアンダーカット処理をする方法。傾斜コアに比べて省スペースで済むが、金属の弾性力を利用するためシャフト部分に必要以上の負荷がかかる。また、垂直押し上げユニットと同様にアンダーカットの量が大きいものには適用できない。

その他のアンダーカット処理方法 02

・置き中子
・無理抜き

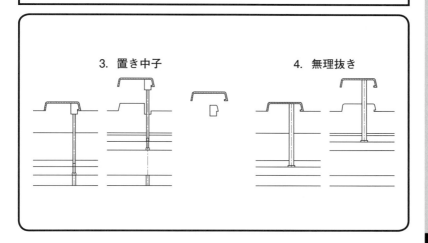

3. 置き中子

　直上げブロックと同じような構造の処理方法。これまでのようにアンダカットを成形中に処理するわけではなく、製品と一緒に突出されたコマを取り外し、再びコマを金型内に設置し成形する方法である。

　単純にコマをはめ込むだけなので、今までのアンダーカット処理に比べて段違いに設定がしやすく型費も安く抑えることができる。しかし、必ず人の手が必要になってくるため、量産には向いておらず小ロット向けの試作型などでよく用いられる。

4. 無理抜き

　アンダーカットに対して何の処理もせず、製品のバネを利用して無理やり金型から製品を剥ぎ取る方法。

　アンダーカットの量や形状、製品の材質などに左右される。また、あくまで無理やり抜くので製品や金型へかかる負荷が大きく、成形品不良や金型の摩耗などに繋がる。

第9章

その他

コッターの設定

入子の設計

ガス抜きの設計

吊りフックの設定

主な成形不良と設計上の対策①

主な成形不良と設計上の対策②

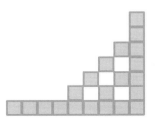

コッターの設定

圧力バランスの悪い製品に対してズレ防止対策として、コッターを設定する

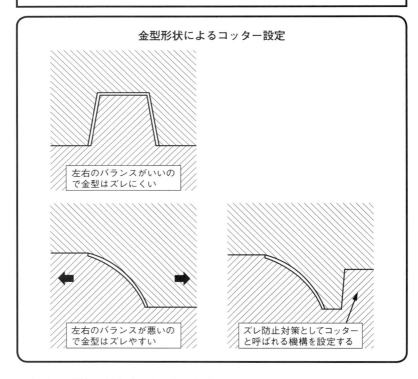

金型形状によるコッター設定

左右のバランスがいいので金型はズレにくい

左右のバランスが悪いので金型はズレやすい

ズレ防止対策としてコッターと呼ばれる機構を設定する

　金型には樹脂の射出時に大きな圧力がかかるので、製品の形状によっては金型がずれてしまう可能性がある。そのためコッターと呼ばれるズレ防止のための構造を設定する必要がある。

　製品形状が左右対称のようなバランスのいい形をしていれば金型がずれる心配はそれほどはないのでコッターを設定する必要性はそれほどない。しかし、極端に一方向に傾いているような製品は非常に圧力のかかるバランスが悪いため金型はずれやすい。そういう場合にはコッターを設定し金型がずれるのを防ぐ必要がある。

コッターは PL と一体で作る場合もあるが、材料の歩留まりや加工性を考慮して別部品にする場合もある。

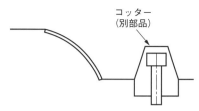
コッター
(別部品)

ワンポイントアドバイス

◇量産向けの金型では、製品のバランスに関わらずコッターを設定することが多い。その場合には、射出圧の影響を受けそうな場所にコッターをつけるというよりも、金型全体にコッターを効かせる意味でも、型の4隅あるいは全周にコッターをつける。

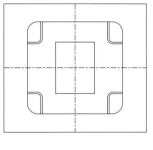

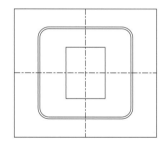

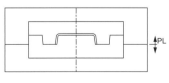

4隅コッター

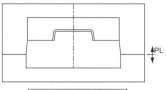

全周コッター

入子の設計

入子をする理由 ─ 成形不良対策
　　　　　　　├ 加工性向上
　　　　　　　└ 歩留まり対策

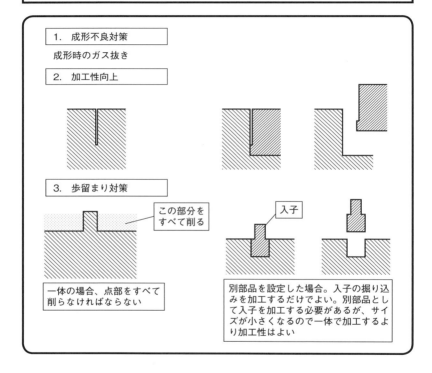

金型には様々な理由から別のコマを設定する。

1. 成形不良対策
　成形時のガス抜き対策。樹脂の流れを考慮してリブやボス、PL などに対して行う。

2. 加工性向上
　深いリブやエッジの立っている形状などはそのまま一体で加工しては通常の刃

物が届かなかったり、放電加工などの工程が増える。入子にすることで、通常の刃物で加工可能にし工程が増えるのを防ぐ。

3. 歩留まり対策

金型で一箇所だけ凸になるような形状のがあった場合。一体構造とするとその凸形状のために廻りを削らなければならない。この凸部分を入子にすれば全体を加工する必要がなくなるので、材料の歩留まりを抑えられる。

ワンポイントアドバイス

◇入子の締結方法には以下の方法がある。

1. 入子底面からのボルト締め
 一番省スペースな方法。ボルトの締付けタップ穴と製品形状の干渉に注意する。
2. PL 側からのボルト締め
 ボルトの締付け穴から樹脂漏れをしないように注意が必要。PL にボルトを設定する場合には形状面から十分な距離を設ける。また、形状面にこの方法で設定する場合には銅などで栓をする必要がある。金型をバラさずに入子の交換が可能。
3. ツバ止め
 受板が必要になる。断面の丸いピン入子の場合には特に有効。

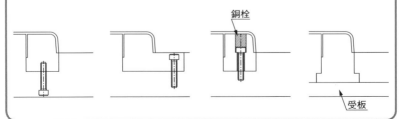

ガス抜きの設計

成形時にガス溜まりがおこる部分にはガス逃げを設定する

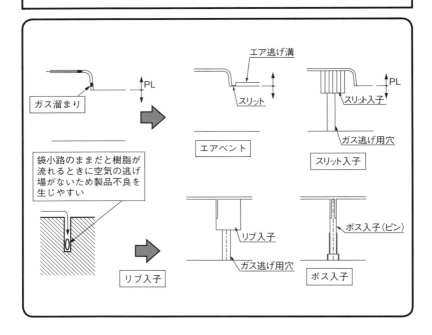

　金型で製品部分やランナーなどの樹脂が流れる部分には射出前には空気がはいっている。射出時には溶融樹脂からガスも発生する。この空気やガスを成形時の樹脂の流れを考慮して効果的に排気しなければならない。突出ピンやPLのクリアランスである程度のガス抜きはされるが形状によってはガスの抜けない場合も多々ある。もし、空気の排気が不十分であった場合、ショートショットや樹脂焼けなどの不具合を生じる。

主なガス抜きの方法

1．エアベント

PL面にエアの逃げ溝を設定しスリットで繋げる方法。

2．スリット入子

スリット状の入子を設定しガスを逃がす方法

3．リブ入子、ボス入子

リブやボスは構造上ガスが溜まりやすい、入子を設定することでガスを逃がす。

ガス逃げのスリットの深さは樹脂の種類やグレードによって一概には決められないが、お概ね0.005～0.03mmの範囲内となる。実績の無い樹脂を使用する場合には、スリットは薄めに設定しておいてトライの結果しだいで徐々に深く調整していくとよい。

ワンポイントアドバイス

◆スリット入子はガス逃げ加工をした薄い板を何枚か重ねて入子としたものである。薄い板同士を繋げるために、ショルダーボルトやノックピンを使用する。

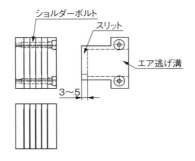

◆スリット入子の代わりに微細な穴が空いた多孔質結晶金属（ポーラスメタル）を用いる場合もある。

吊りフックの設定

- **サイズ→型重量に耐えられるサイズ**
- **位置→固定側が少し上向きになる位置**

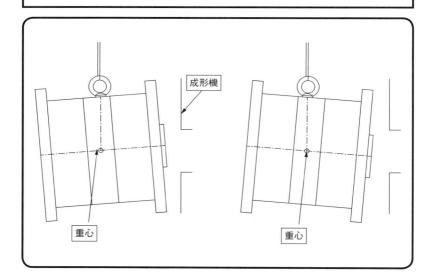

　吊りバランスは計算上では金型の重心に設定することで水平となる。実際には金型には様々な部品が組み込まれているため、計算通りに重心がくるとは限らない。

　さらに金型を成形機に取付ける際には、金型の固定側が少し上向きになると取り付けやすくなる。そのため吊りフックの位置を重心より固定側取付板の方へズラす。ズラす量の目安としては金型の傾きが10°以下となる量がよい。

　吊りフックの位置を重心より可動側取付板の方にズラシてしまうと、固定側が下向きになってしまい成形機への取付作業性が悪くなるため注意が必要である。

ワンポイントアドバイス

◇金型のサイズによっては、1本で吊るのではなく、2本あるいは4本で金型を吊る場合もある。複数の吊りフックで吊り上げる際にはバランス良く配置すること。

◇金型の吊りフックとして代表的なものはアイボルトとよばれるボルトであるが、これはJISで規格が決まっている。金型の重量に耐えられるサイズのアイボルトを設定すること。

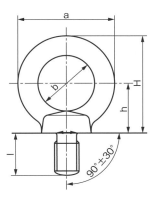
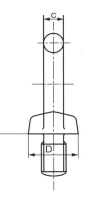

サイズ	a	b	c	D	h	H (参考)	l	使用荷重 (kgf)		自重 g
								垂直吊	45度吊り	
M8	32.6	20	6.3	16	17	33.3	15	80	80	35
M10	41	25	8	20	21	41.5	18	150	150	70
M12	50	30	10	25	26	51	22	220	220	140
M16	60	35	12.5	30	30	60	27	450	450	260
M20	72	40	16	35	35	71	30	630	630	430
M24	90	50	20	45	45	90	38	950	950	850
M30	110	60	25	60	55	110	45	1500	1500	1700
M36	133	70	31.5	70	65	131.5	55	2300	2300	3000
M42	151	80	35.5	80	75	150.5	65	3400	3400	4500
M48	170	90	40	90	85	170	70	4500	4500	6700

出典：JIS B1168

主な成形不良と設計上の対策①

成形時の不良には様々な種類がある。その対策方法は成形条件を調整することで回避できるモノもあるが、ここでは金型の設計要件に含まれるモノを紹介していく。

	現象	対策
ソリ	成形品が本来の形状より反ってしまう現象。成形収縮率が影響する。 本来の製品形状　　反ってしまった製品形状	●ゲート位置・方式の検討（ゲートは一点よりも多点の方がソリは発生しにくい） ●肉厚の均一化・厚肉部の肉抜き ●冷却の均一化
ショートショット	溶融樹脂が完全に充填していない状態。肉厚による流動性不足や型内のエア逃げが不十分なときに起こる。 本来の製品形状　　ショートショット	●肉厚を厚くする ●ガス抜きを設定する
ウェルドライン	溶融樹脂が合流した部分にできるスジ。ウェルドラインが発生した箇所は強度が著しく下がる。 ゲート　穴　ウェルドライン	●ウェルドラインの発生位置はゲートの位置と樹脂の流動を考慮すると容易に予測できる ●強度が問題にならない位置にウェルドが発生するようにゲートの位置を変える ●ウェルドの位置にガス抜き入子を設定する ●極端な薄肉部分に発生する場合。肉厚を調整する

	現象	対策
バリ	パティングラインに溶融樹脂が入り込んでしまいできる薄肉。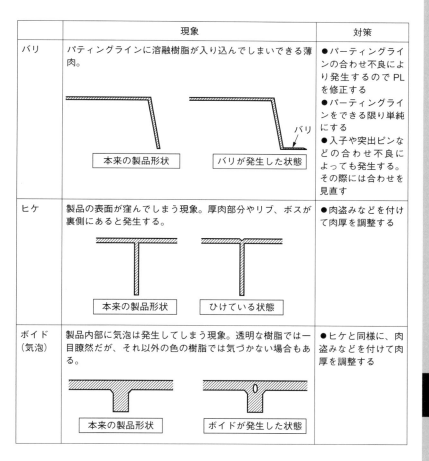	●パーティングラインの合わせ不良により発生するのでPLを修正する ●パーティングラインをできる限り単純にする ●入子や突出ピンなどの合わせ不良によっても発生する。その際には合わせを見直す
ヒケ	製品の表面が窪んでしまう現象。厚肉部分やリブ、ボスが裏側にあると発生する。	●肉盗みなどを付けて肉厚を調整する
ボイド（気泡）	製品内部に気泡は発生してしまう現象。透明な樹脂では一目瞭然だが、それ以外の色の樹脂では気づかない場合もある。	●ヒケと同様に、肉盗みなどを付けて肉厚を調整する

主な成形不良と設計上の対策②

	現象	対策
ジェッティング	ゲートから出た樹脂が蛇行して模様として現れる現象。ゲートを通過した溶融樹脂の勢いが強すぎると発生する。 ジェッティング	●ランナーがスプルーからストレートにゲートにつながっている場合にはランナーを一度曲げてゲートに繋ぐ樹脂の勢いを抑える ●ゲートの断面を広げる
フローマーク	樹脂の流動が急変する部分に生じる流れ模様。または、ゲート部周辺にできる円心状の模様。樹脂の温度が低下し、後から流れてくる樹脂に引きづられて発生する。 フローマーク	●流動の急変はコーナー部や肉厚が極端に異なる部分に起こる。コーナーや肉厚の変化部にRを付けて樹脂の流れを緩やかにする ●ゲートの断面を広げたり、ランナーのレイアウトを樹脂が流れやすいレイアウトにする
樹脂焼け	製品の一部が黒く焼け焦げる現象	●樹脂焼けはガス逃げの悪い部分に発生するので、ガス逃げを設定する
光沢不良	樹脂表面が本来の光沢を失った現象。	●型の磨き不足により型の表面が製品に転写して起こる→型の磨きの実施 ●型内にガスが残っておりそれが製品の表面に付着して起こる→ガス逃げ対策の実施

	現象	対策
		●離型剤の大量使用による離型剤の付着→離型剤の使用を抑えるために抜き勾配をつける
白化現象	突出し時などに製品の一部に無理な力がかかって白くなってしまう現象。この現象がひどくなると製品の破損につながる。	●突出ピンの径を太くする。無理抜きの場合には無理抜きを廃止するか、無理抜きのアンダーカットを緩やかにする
すり傷	離型時に製品にすり傷がつく現象。	●離型時に型と製品がこすれることによって傷がつく、十分な抜き勾配が必要
キャビ取られ	製品がキャビ（固定側）に張り付いてしまい離型できない現象	●固定側の抜き勾配を大きくとる ●可動側に突出時に無理抜きできる程度の小さいアンダーカットをつける
スプルー取られ	離型時にスプルー部がちぎれて型内に残ってしまう現象。	●スプルーの裏側にZピンを設定する ●スプルーを細く、短くする（スプルー部の冷却対策）

第 10 章
主な部品の加工寸法例

ロケートリング、スプルーブッシュ

ガイドピン

突出しピン

プラーボルト、ストップボルト

パーティングロック

ランナーロックピン

エジェクターガイドピン

リターンピン

サポートピラー

エジェクターロッド

入子

スライドコア

傾斜コア

冷却穴とテーパータップ

ロケートリング、スプルーブッシュ

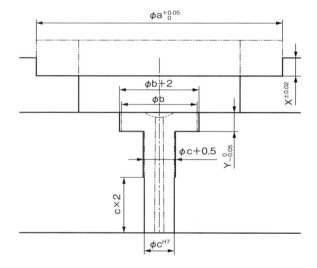

ガイドピン

つば付きタイプ

ストレートタイプ

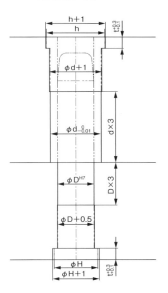
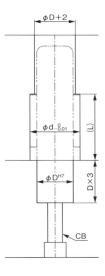

第10章 主な部品の加工寸法例

突出しピン

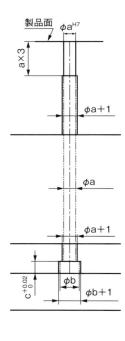

プラーボルト、ストップボルト

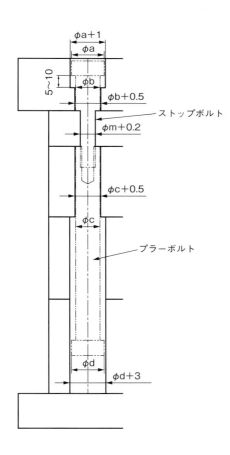

パーティングロック

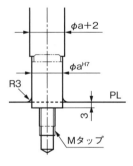

ランナーロックピン

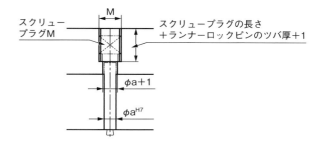

スクリュープラグM
M
スクリュープラグの長さ
＋ランナーロックピンのツバ厚＋1
$\phi a+1$
ϕa^{H7}

第10章 主な部品の加工寸法例

エジェクターガイドピン

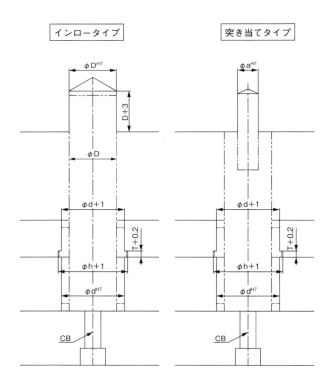

リターンピン

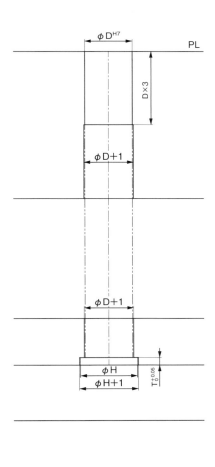

サポートピラー

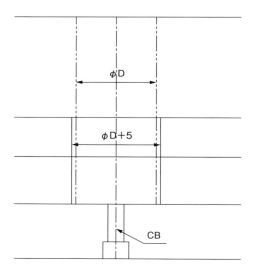

エジェクターロッド

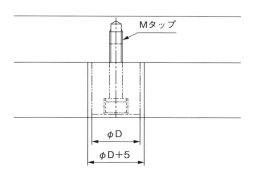

入子

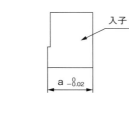

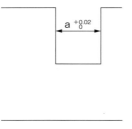

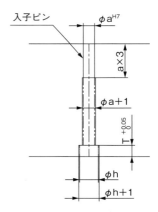

スライドコア

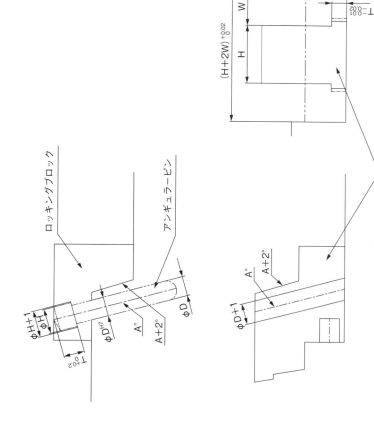

第10章 主な部品の加工寸法例

傾斜コア

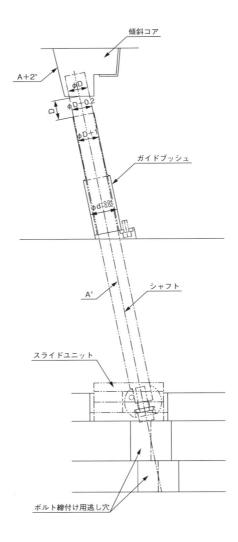

冷却穴とテーパータップ

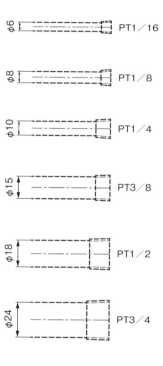

第10章 主な部品の加工寸法例

巻末付録　技術資料

1. 三角関数の基礎
2. SI単位の整数乗倍
3. 単位換算
4. 表面粗さ
5. 穴のはめあい公差表
6. 軸のはめあい公差表
7. 幾何公差の種類
8. 主な樹脂とその特徴
9. 樹脂の調色方法
10. 図面の用紙サイズ
11. 図枠と表題欄
12. 図面の尺度
13. 線の種類と意味
14. 部品表の例
15. 金型設計チェックシート

巻末付録　技術資料

1. 三角関数の基礎

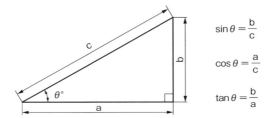

$$\sin\theta = \frac{b}{c}$$

$$\cos\theta = \frac{a}{c}$$

$$\tan\theta = \frac{b}{a}$$

2. SI単位の整数乗倍

接頭語　SI単位の10の整数乗倍を構成するための倍数、代表的な接頭語の記号を以下に示す。

単位に乗ぜられる倍数	接頭語	
	名称	記号
10^{12}	テラ	T
10^{9}	ギガ	G
10^{6}	メガ	M
10^{3}	キロ	k
10^{-2}	センチ	c
10^{-3}	ミリ	m
10^{-6}	マイクロ	μ
10^{-9}	ナノ	n

3. 単位換算

重量　　1ton＝1000kg
　　　　1kg＝1000g

力

		換算後の単位		
		N	dyn	kgf
もとになる単位	N	1	1×10^{5}	1.0197×10^{-1}
	dyn	1×10^{-5}	1	1.0197×10^{-6}
	kgf	9.8067	9.8067×10^{5}	1

圧力

	換算後の単位				
	Pa	MPa	bar	kgf/mm²	kgf/cm²
もとになる単位 Pa	1	1×10^{-6}	1×10^{-5}	1.0197×10^{-7}	1.0197×10^{-5}
MPa	1×10^{6}	1	1×10	1.0197×10^{-1}	1.0197×10
bar	1×10^{5}	1×10^{-1}	1	1.0197	1.0197×10^{2}
kgf/mm²	9.8067×10^{6}	9.8067	9.8067×10^{-1}	1	1×10^{2}
kgf/cm²	9.8067×10^{4}	9.8067×10^{-2}	9.8067×10	1×10^{-2}	1

$1Pa = 1N/m^2$

角度　　1°=60′（分）
　　　　1°=π/180rad

4. 表面粗さ

算術平均粗さ Ra			従来の仕上げ記号	仕上げ面
標準数列	カットオフ値入 c (mm)	面の肌の図示		
0.012 a 0.025 a 0.05 a 0.1 a 0.2 a	0.08 0.25 0.8	0.012/ ~ 0.2/	▽▽▽▽	鏡面仕上げ
0.4 a 0.8 a 1.6 a	0.8	0.4/ ~ 1.6/	▽▽▽	微鏡面仕上げ
3.2 a 6.3 a	0.25	3.2/ ~ 6.3/	▽▽	並仕上げ
12.5 a 25 a	8	12.5/ ~ 25/	▽	粗仕上げ
50 a 100 a	—	50/ ~ 100/	~	仕上げなし

5. 穴のはめあい公差表

単位：μm

基準寸法の区分（mm）		穴の公差域クラス B10～F8					
を越え	以下	E7	E8	E9	F6	F7	F8
—	3	+24 +14	+28 +14	+39 +14	+12 +6	+16 +6	+20 +6
3	6	+32 +20	+38 +20	+50 +20	+18 +10	+22 +10	+28 +10
6	10	+40 +25	+47 +25	+61 +25	+22 +13	+28 +13	+35 +13
10	14	+50 +32	+59 +32	+75 +32	+27 +16	+34 +16	+43 +16
14	18						
18	24	+61 +40	+73 +40	+92 +40	+33 +20	+41 +20	+53 +20
24	30						
30	40	+75 +50	+89 +50	+112 +50	+41 +25	+50 +25	+64 +25
40	50						
50	65	+90 +60	+106 +60	+134 +60	+49 +30	+60 +30	+76 +30
65	80						
80	100	+107 +72	+126 +72	+159 +72	+58 +36	+71 +36	+90 +36
100	120						
120	140	+125 +85	+148 +85	+185 +85	+68 +43	+83 +43	+106 +43
140	160						
160	180						
180	200	+146 +100	+172 +100	+215 +100	+79 +50	+96 +50	+122 +50
200	225						
225	250						
250	280	+162 +110	+191 +110	+240 +110	+88 +56	+108 +56	+137 +56
280	315						
315	355	+182 +125	+214 +125	+265 +125	+98 +62	+119 +62	+151 +62
355	400						
400	450	+198 +135	+232 +135	+290 +135	+108 +68	+131 +68	+165 +68
450	500						

単位：μm

基準寸法の区分 (mm)		穴の公差域クラス G6～H10					
を越え	以下	G6	G7	H6	H7	H8	H9
—	3	+8 +2	+12 +2	+6 0	+10 0	+14 0	+25 0
3	6	+12 +4	+16 +4	+8 0	+12 0	+18 0	+30 0
6	10	+14 +5	+20 +5	+9 0	+15 0	+22 0	+36 0
10	14	+17 +6	+24 +6	+11 0	+18 0	+27 0	+43 0
14	18						
18	24	+20 +7	+28 +7	+13 0	+21 0	+33 0	+52 0
24	30						
30	40	+25 +9	+34 +9	+16 0	+25 0	+39 0	+62 0
40	50						
50	65	+29 +10	+40 +10	+19 0	+30 0	+46 0	+74 0
65	80						
80	100	+34 +12	+47 +12	+22 0	+35 0	+54 0	+87 0
100	120						
120	140	+39 +14	+54 +14	+25 0	+40 0	+63 0	+100 0
140	160						
160	180						
180	200	+44 +15	+61 +15	+29 0	+46 0	+72 0	+115 0
200	225						
225	250						
250	280	+49 +17	+69 +17	+32 0	+52 0	+81 0	+130 0
280	315						
315	355	+54 +18	+75 +18	+36 0	+57 0	+89 0	+140 0
355	400						
400	450	+60 +20	+83 +20	+40 0	+63 0	+97 0	+155 0
450	500						

6. 軸のはめあい公差表

単位：μm

基準寸法の区分 (mm)		軸の公差域クラス b9〜f8					
を越え	以下	e7	e8	e9	f6	f7	f8
—	3	−14 −24	−14 −28	−14 −39	−6 −12	−6 −16	−6 −20
3	6	−20 −32	−20 −38	−20 −50	−10 −18	−10 −22	−10 −28
6	10	−25 −40	−25 −47	−25 −61	−13 −22	−13 −28	−13 −35
10	14	−32 −50	−32 −59	−32 −75	−16 −27	−16 −34	−16 −43
14	18						
18	24	−40 −61	−40 −73	−40 −92	−20 −33	−20 −41	−20 −53
24	30						
30	40	−50 −75	−50 −89	−50 −112	−25 −41	−25 −50	−25 −64
40	50						
50	65	−60 −90	−60 −106	−60 −134	−30 −49	−30 −60	−30 −76
65	80						
80	100	−72 −107	−72 −126	−72 −159	−36 −58	−36 −71	−36 −90
100	120						
120	140	−85 −125	−85 −148	−85 −185	−43 −68	−43 −83	−43 −106
140	160						
160	180						
180	200	−100 −146	−100 −172	−100 −215	−50 −79	−50 −96	−50 −122
200	225						
225	250						
250	280	−110 −162	−110 −191	−110 −240	−56 −88	−56 −108	−56 −137
280	315						
315	355	−125 −182	−125 −214	−125 −265	−62 −98	−62 −119	−62 −151
355	400						
400	450	−135 −198	−135 −232	−135 −290	−68 −108	−68 −131	−68 −165
450	500						

単位：μm

基準寸法の区分 (mm)		軸の公差域クラス g5〜h9						
を越え	以下	g5	g6	h5	h6	h7	h8	h9
—	3	−2 −6	−2 −8	0 −4	0 −6	0 −10	0 −14	0 −25
3	6	−4 −9	−4 −12	0 −5	0 −8	0 −12	0 −18	0 −30
6	10	−5 −11	−5 −14	0 −6	0 −9	0 −15	0 −22	0 −36
10	14	−6 −14	−6 −17	0 −8	0 −11	0 −18	0 −27	0 −43
14	18							
td>18	24	−7 −16	−7 −20	0 −9	0 −13	0 −21	0 −33	0 −52
24	30							
30	40	−9 −20	−9 −25	0 −11	0 −16	0 −25	0 −39	0 −62
40	50							
50	65	−10 −23	−10 −29	0 −13	0 −19	0 −30	0 −46	0 −74
65	80							
80	100	−12 −27	−12 −34	0 −15	0 −22	0 −35	0 −54	0 −87
100	120							
120	140	−14 −32	−14 39	−0 −18	0 −25	0 −40	0 −63	0 −100
140	160							
160	180							
180	200	−15 −35	−15 −44	0 −20	0 −29	0 −46	0 −72	0 −115
200	225							
225	250							
250	280	−17 −40	−17 −49	0 −23	0 −32	0 −52	0 −81	0 −130
280	315							
315	355	−18 −43	−18 −54	0 −25	0 −36	0 −57	0 −89	0 −140
355	400							
400	450	−20 −47	−20 −60	0 −27	0 −40	+ −63	0 −97	0 −155
450	500							

7. 幾何公差の種類

幾何公差の種類		記号	定義	基準指示
形状公差	真直度公差	―	直線形体の幾何学的に正しい直線からのひらきの許容値	否
	平面度公差	▱	平面形体の幾何学的に正しい平面からのひらきの許容値	否
	真円度公差	○	円形形体の幾何学的に正しい円からのひらきの許容値	否
	円筒度公差	⌭	円筒形体の幾何学的に正しい円筒からのひらきの許容値	否
	線の輪郭度公差	⌒	理論的に正確な寸法によって定められた幾何学的輪郭からの線の輪郭のひらきの許容値	否
	面の輪郭度公差	⌒	理論的に正確な寸法によって定められた幾何学的輪郭からの面の輪郭のひらきの許容値	否
姿勢公差	平行度公差	∥	基準直線または基準平面に対して平行な幾何学的直線または幾何学的平面からの平行であるべき直線形体または平面形体のひらきの許容値	要
	直角度公差	⊥	基準直線または基準平面に対して直角な幾何学的直線または幾何学的平面からの直角であるべき直線形体または平面形体のひらきの許容値	要
	傾斜度公差	∠	基準直線または基準平面に対して理論的に正確な角度をもつ幾何学的直線または幾何学的平面からの理論的に正確な角度をもつべき直線形体または平面形体のひらきの許容値	要
	線の輪郭度公差	⌒	理論的に正確な寸法によって定められた幾何学的輪郭からの線の輪郭のひらきの許容値	要
	面の輪郭度公差	⌒	理論的に正確な寸法によって定められた幾何学的輪郭からの面の輪郭のひらきの許容値	要
位置公差	位置度公差	⌖	基準または他の形体に関連して定められた理論的に正確な位置からの点、直線形体、または平面形体のひらきの許容値	要・否
	同心度公差	◎	同心度公差は、基準円の中心に対する他の円形形体の中心の位置のひらきの許容値	要
	同軸度公差	◎	同軸度公差は、基準軸直線と同一直線上にあるべき軸線の基準軸直線からのひらきの許容値	要
	対称度公差	⌯	基準軸直線または基準中心平面に関して互いに対称であるべき形体の対称位置からのひらきの許容値	要
	線の輪郭度公差	⌒	理論的に正確な寸法によって定められた幾何学的輪郭からの線の輪郭のひらき許容値	要
	面の輪郭度公差	⌒	理論的に正確な寸法によって定められた幾何学的輪郭からの面の輪郭のひらきの許容値	要
振れ公差	円周振れ公差	↗	基準軸直線を軸とする回転体を基準軸直線のまわりに回転したとき、その表面が指定された位置または任意の位置において指定された方向に変位する許容値	要
	全振れ公差	⌰	基準軸直線を軸とする回転体を基準軸直線のまわりに回転したとき、その表面が指定された方向に変位する許容値	要

8. 主な樹脂とその特徴

樹脂名	略号	外観	特徴	主な用途
ポリエチレン	PE	白色	耐薬品性、耐火性、食品衛生性に優れる。同じ PE でもその分子構造によって、高密度、低密度、超高分子量などに分類されそれぞれ性質が異なる	包装材（レジ袋、ラップフィルム、食品容器など）、シャンプー・リンス・洗剤等容器、バケツ、ガソリンタンク
ポリプロピレン	PP	乳白色	PE と似た性質を持つ。成形性がよい	自動車部品（バンパー、ファン、インパネなど）、医療部品（注射器など）、家電部品（洗濯曹、テレビ筐体、換気扇など）、食品容器（タッパーなど）
ポリスチレン	PS	白色	耐衝撃性が弱く、軟化温度が低い耐薬品性、電気的特性に優れる	家電部品（冷蔵庫トレー、照明器具、PC、エアコンなどの筐体など）、自動車部品（メーターカバー、ランプ・レンズなど）、断熱材、カップ麺の容器
ポリ塩化ビニル	P.V.C	透明	軟質と硬質がある。加工性がよく、電気絶縁性、難燃性、耐候性、酸、アルカリに対する耐薬品性などに優れる	工業用配管、自動車の内装、建材（屋根の波板、サッシ、雨樋など）、床材、壁紙、電線被膜
エービーエス	ABS	乳白色	酸、アルカリに対する耐薬品性に優れ、加工性も良い日光に弱く、可燃性	家電部品（テレビ、冷蔵庫、掃除機、PC などの部品）、自動車部品（内外装部品）、楽器、玩具
ポリカーボネート	PC	透明	耐衝撃性、耐熱性、耐候性に優れる。酸には強いが、アルカリに弱い	CD・DVD ディスク、自動車部品（ウィンカー、ヘッドランプなど）、カメラレンズ、メガネ、スーツケース
ポリアミド（ナイロン）	PA	乳白色	耐摩耗性、耐寒冷性、耐衝撃性が良い。有機溶剤に対して、優れた耐性がある	自動車部品（ガソリンタンクなど）、電子機器部品（コネクター、ハウジングなど）、食品用フィルム、歯車
ポリアセタール	POM	白色	耐衝撃性、耐摩耗性に優れ金属部品の代替として用いられている。耐候性、接着性が悪い	各種機械部品（ギア、軸受け、ベアリング、ブッシュなど）、オイルタンク、ファスナー、配管継手部品
ポリブチレンテレフタレート	PBT	白色	電気的特性をはじめ物性のバランスが全体的に優れている。ただし、強アルカリには弱い	自動車部品（ドアハンドル、スイッチ類など）、電気部品（ドライヤー、電話機など）、電子部品（コネクター、スイッチなど）、精密機械部品

9. 樹脂の調色方法

調色方法	特　　　徴
着色	元の樹脂に顔料を混ぜ合わせて押し出し成形と呼ばれる方法で色のついた樹脂ペレットを作っていく方法。最も色味が正確に出るが、コスト、納期がかかる
マスターバッチ	ナチュラルカラーの樹脂ペレットにマスターバッチと呼ばれる材料を混ぜる方法。色の出方は射出成形機のスクリュー内での混練具合によるため、色の再現性は弱い。手軽だがある程度色が決められているのと少量での入手が難しい
粉末	樹脂の周りに粉末を付着させる方法です。最も安価な方法だが、タンブラーなどで混ぜる必要があり、成形後には掃除をしなければならないので手間がかかる

10. 図面の用紙サイズ

用紙は A サイズを用いる。A4 以外は長い方を左右方向にして使用する。

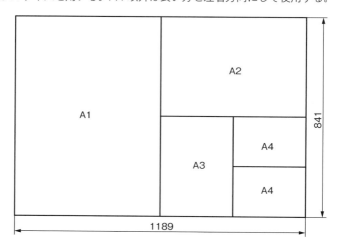

A サイズ

A0	841×1189
A1	594×841
A2	420×594
A3	297×420
A4	210×297

11. 図枠と表題欄

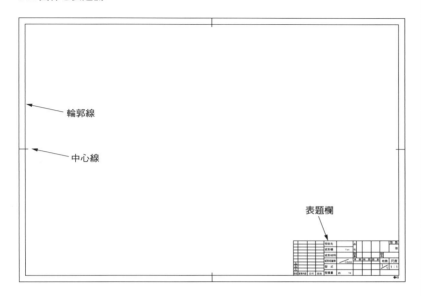

図枠と表題欄の参考を図に示す。

用紙の端は破れやすいため、用紙を目一杯使用せずに輪郭線を設定しその中に図面を収める。また、折りたたむ際の目安として中心線を設ける。なお、折りたたみは A4 サイズに折りたたむので A4 サイズの図面には中心線は入れない場合が多い。

表題欄は、品名や製品番号、承認欄など一般的な情報の他に、射出成形金型独自の情報として使用する成形機や成形材料、収縮率、製品の取数、金型の重量などを記載する。

12. 図面の尺度

図面は、原則として現尺、実物と同じ大きさで描くのがよい。しかし、現尺では紙に収まらない場合や、小さすぎて見にくい場合などは、それぞれ縮尺や倍尺を用いる。

図面尺度は JIS で規定されている尺度を用いるのがよいが実際には JIS で規定されていない尺度を用いる場合も多々ある。

種　　　類	尺　　　度
倍尺 （実際のサイズより大きく描く）	2：1、(3：1)、(4：1)、5：1、 10：1、20：1、50：1
現尺	1：1
縮尺 （実際のサイズより小さく描く）	1：2、(1：3)、(1：4)、1：5、 1：10、1：20、1：50、1:100

カッコの尺度は JIS の推奨尺度以外

13. 線の種類と意味

太い実線 ———————————	外形線
細い実線 ———————————	寸法線・ハッチング
破線　　 -----------	隠れ線
一点鎖線 —-—-—-—-—	中心線
二点鎖線 —-·-·-·-·—	想像線

線種による図面の記入例

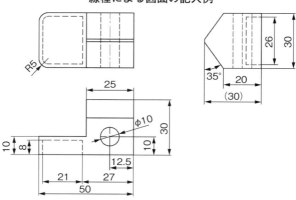

14. 部品表の例

金型は多くの部品で構成されているため部品表が不可欠となる。部品表の参考例を図に示す。

金型部品一覧表							客先	設計	CAD	仕上げ	機械	製造	EDM	購買	計
部品番号				日付		設計		承認		主材料費			外注費		
部品名称										補助材料			備品費		
製造番号										合計			社内工数		
日付	発注	品番	部品名称		材質	個数	寸法					備考			
		1													
		2													
		3													
		4													
		5													
		6													
		7													
		8													
		9													
		10													
		11													
		12													
		13													
		14													
		15													
		16													
		17													
		18													
		19													
		20													
		21													
		22													
		23													
		24													
		25													
		26													
		27													
		28													
		29													
		30													
		31													
		32													
		33													
		34													

また、どの部品がどこに組み込まれるかは、組図にバルーン寸法を飛ばして部品表の番号と対応させる。

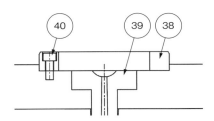

		37	
		38	ロケートリング
		39	スプールブッシュ
		40	六角穴付きボルト
		41	

15. 金型設計チェックシート

金型設計チェックシート		DATA	
製品名		製品番号	

製品仕様	
	公差は反映されているか
	肉厚は問題ないか
	抜き勾配は考慮されているか
	刻印・デートマークは指示通りか
	収縮率は仕様通りか　(S=　　　　　)
	製品のレイアウトは仕様通りか
	ウェルド、ヒケ等は問題ないか

成形機仕様	
	成形機は仕様通りか
	成形機の型締力は問題ないか
	金型の厚さは仕様の範囲内か　(　　　　mm)
	金型の幅は仕様の範囲内か　(　　　　mm)
	ロケートリング径は規格通りか　(ϕ　　mm)
	スプルーブッシュのノズルRは規格通りか　(R　　mm)
	スプルーブッシュのノズル径は規格通りか　(ϕ　　mm)
	エジェクターロッドの位置は規格通りか
	クランプ位置は問題ないか

金型全般	
	型の重量はクレーンの能力以内か　(　　　　kg)
	金型の吊りバランスは的確か
	吊りフックの強度は問題ないか
	型のたわみは0.02mm以内か
	ガイドピンの長さは適切か
	パーティングラインは問題ないか
	ズレ止め対策(コッターなど)はされているか
	(3プレート) プラーボルトの長さは適切か
	(3プレート) サポートピンの長さは適切か
	(3プレート) ランナーロックは設定されているか

ランナー、ゲート仕様	
	ランナーバランスはよいか
	ランナー形状は仕様通りか
	ゲート形状は仕様通りか
	ゲート位置は正しく配置されているか
	コールドスラッグウェルは設定されているか
突出し処理・突出しスペース	
	突出ストロークは成形機の仕様の範囲内か
	突出しのバランスはよいか
	突出しNGの部分に設定をしていないか
	回り止めは設定されているか
	エジェクターガイドピンは必要か
	サポートピラーは十分設定されているか
	リターンピンのスプリングは設定されているか
冷却仕様	
	冷却のバランスはよいか
	冷却に干渉物はないか
アンダーカット処理	
	ストローク量は適切か（アンダーカット量＋5mm）
	ストロークの方向は問題ないか
	ストローク方向に干渉するものはないか
	（スライドコア）アンギュラーの角度は適切か
	（スライドコア）適切なスプリングが設定されているか
	（スライドコア）スライドストッパーの位置は問題ないか
	（傾斜コア）シャフトの角度は適切か
その他	
	ガス逃げ対策はされているか
	型開防止板は設定されているか

参考文献

落合 孝明「金型設計者1年目の教科書」日刊工業新聞社（2014/3）
福島 有一「よくわかるプラスチック射出成形金型設計」日刊工業新聞社（2002/11）
三谷 景造「わかりやすい実践金型設計（現場のプラスチック成形加工シリーズ）」工業調査会（1999/01）
青葉 堯「図解 射出成形金型トラブル解決100選」工業調査会（1996/08）
本間 精一「基礎から学ぶ 射出成形の不良対策」丸善出版（2011/4）
山田 学「めっちゃ使える！機械便利帳—すぐに調べる設計者の宝物」日刊工業新聞社（2006/10）
「仕様と寸法図」 金型通信社
http://www.kananet.com/cdr-sun99.htm

日本工業標準調査会：データベース検索-JIS 検索.htm
http://www.jisc.go.jp/app/JPS/JPSO0020.html

アイティメディア　MONOist
金型設計屋2代目が教える「量産設計の基本」
http://monoist.atmarkit.co.jp/mn/kw/kyanagata.html
金型設計屋2代目が教える「金型設計の基本」
http://monoist.atmarkit.co.jp/mn/kw/kyanagata2.html

●著者略歴

落合　孝明（おちあい　たかあき）

1973年生まれ。2010年に株式会社モールドテック代表取締役に就任（2代目）。現在、本業の樹脂およびダイカスト金型設計を軸に、中小企業の連携による業務の拡大を模索中。町工場参加型のプロダクトブランド「Factionery」の企画・運営、「全日本製造業コマ大戦」の行司も務める。

NDC 566

すぐに使える　射出成形金型設計者のための公式・ポイント集

2016年12月21日　初版1刷発行　　　　　　　　　　定価はカバーに表示してあります。

ⓒ著　者	落合孝明	
発行者	井水治博	
発行所	日刊工業新聞社	〒103-8548 東京都中央区日本橋小網町14番1号
	書籍編集部	電話03-5644-7490
	販売・管理部	電話03-5644-7410　FAX 03-5644-7400
	URL	http://pub.nikkan.co.jp/
	e-mail	info@media.nikkan.co.jp
	振替口座	00190-2-186076
印刷・製本	美研プリンティング㈱	

2016 Printed in Japan　　落丁・乱丁本はお取り替えいたします。
ISBN　978-4-526-07634-3 C3053
本書の無断複写は、著作権法上の例外を除き、禁じられています。